绿色语境：

高密度街区城市设计策略

Green Context: Urban Design Strategies for
High Density City Blocks

◎ 周玲娟　著 ◎

U0293005

中国建筑工业出版社

图书在版编目（CIP）数据

绿色语境：高密度街区城市设计策略 = Green
Context: Urban Design Strategies for High Density
City Blocks / 周玲娟著 . —北京：中国建筑工业出版
社，2023.12
ISBN 978-7-112-29167-0

Ⅰ.①绿…　Ⅱ.①周…　Ⅲ.①城市规划—建筑设计
Ⅳ.① TU984

中国国家版本馆 CIP 数据核字（2023）第 180303 号

责任编辑：滕云飞
责任校对：刘梦然
校对整理：张辰双

绿色语境：高密度街区城市设计策略

Green Context: Urban Design Strategies for High Density City Blocks

周玲娟　著

*

中国建筑工业出版社出版、发行（北京海淀三里河路9号）

各地新华书店、建筑书店经销

北京点击世代文化传媒有限公司制版

北京中科印刷有限公司印刷

*

开本：787 毫米 ×1092 毫米　1/16　印张：12¼　字数：251 千字

2024 年 7 月第一版　2024 年 7 月第一次印刷

定价：**86.00** 元

ISBN 978-7-112-29167-0

（41837）

前　言

本研究缘起于对高密度城市问题的关注，高密度城市区域因其土地资源稀缺、人口和建筑密集、能源和交通集中等特性，在可获得城市活动的近邻性、城市活力和土地使用的高效性的同时，势必面临严峻的城市发展问题和挑战。但从全球快速城市化的背景来看，城市高密度发展是无法回避的必然趋势。基于庞大的人口基数、脆弱的生态环境、高居不下的城市能耗，中国城市需要积极审慎地站在可持续发展的观点上，精细思考城市未来发展的模式，城市研究需要注重土地高效与精细化利用，同时兼顾可持续发展和生态环境保护的理论研究视角。

基于紧凑城市理念的视角，本书重点聚焦高密度城市街区的城市形态及其微气候环境的实证研究，通过对城市形态的指标、类型系统梳理和对微气候各个要素的模拟分析，获得系统的定性和定量研究成果，通过形态观察、指标区间分布、数理关系统计分析等方法，获得一系列城市形态和微气候相关的规律性结论。

本书从城市形态学与气候学的交叉研究出发，借鉴地理信息学的量化研究方法，同时突破了既有研究基于单一微气候要素作用影响所进行的城市形态研究的方式，统合多维度多要素微气候模拟参数与形态量化参数进行关联性研究。

本书内容的主要构成：首先，通过上海中心城区高密度街区样本的各项微气候模拟研究，抽取微气候环境综合模拟评估水平较高的样本，结合空间矩阵的形态密度指标研究模型，指出其分布的特定指标区间范围；其次，对街区形态要素和微气候要素的量化指标进行数据相关性分析，指出要素之间的关联作用特点及其矛盾性；再次，针对不同建筑单体类型，指出其在综合微气候因素作用下的指标上限，提出适用的密度区间；最后，基于对紧凑城市理论内涵的提炼，结合形态与微气候相关性研究成果和城市设计案例阐释，从密集化开发、形态和建筑形体组织、气候适应性三方面提出了高密度城市设计的策略，并结合现有的实践案例加以相关分析，以期进一步指导设计实践。

周玲娟

目 录

第5章　高密度城市街区气候环境研究 ······················ 101

第6章　高密度街区城市设计策略总结 ······················ 132

第1章 | 绪 论

1.1 研究背景及缘起

1.1.1 全球城市化进程中城市化的趋势和挑战

全球自 2007 年开始，超过一半以上的人口居住在城市。联合国《世界城市化展望（2018 年修正版）》报告表明，现今世界人口的 55% 居住在城市地区，预计到 2050 年，这一比例将上升到 68%。预测显示，人口居住地从农村向城市地区逐步转变，到 2050 年，全世界范围内，城市人口的增长可能达到 25 亿人，其中接近 90% 的增长将发生在亚洲和非洲。

联合国经济和社会理事会（ECOSOC）人口司编制的《2018 年世界城市化前景（修订版）》指出，世界城市人口规模的未来增长预计将高度集中在少数几个国家。在 2018 年至 2050 年之间，印度、中国和尼日利亚将占世界城市人口预计增长的 35%。到 2050 年，预计印度将新增 4.16 亿城市居民，中国 2.55 亿，尼日利亚 1.89 亿。

同时，报告指出可持续城市化是未来城市成功发展与否的关键，了解未来可能出现的城市化主要趋势，对于实施《2030 年可持续发展议程》至关重要，包括努力构建新的城市发展框架与应对发展策略。在世界持续的城市化进程中，可持续发展越来越依赖于城市增长的成功管理，特别是在城市化速度预计最快的发展中国家。许多国家在满足不断增长的城市人口需求方面将面临挑战，包括住房、交通、能源系统和其他基础设施以及就业、教育、医疗保健等基本服务。需要改善城乡居民生活的综合政策，同时在现有的经济、社会和环境联系的基础上加强城乡之间的联系。

由此可见，中国的快速城市化是在全球城市化进程大背景中的必然趋势，如此大规模的城市发展和转型可能相当于西方世界过去几个世纪的经历。快速城市化和城市人口的迅速密集化不可避免地引发大量环境、经济和社会问题。由于土地和自然资源的稀缺性（对于城市边界和蔓延的控制会在后续章节阐述其必要性），城市形态和城市人口密度的增加是世界性的趋势，高密度的城市发展不是有意识或是理想化的选择方向，而是不可避免的现实问题。

面对当前的城市化背景和条件，如何创建良好的城市空间组织模式，来容纳和响应变化，同时综合兼顾中国特殊的社会、文化、人口和资源条件，探索面向可持续城市化发展目标的高密度城市设计模式，这对城市规划、城市设计和建筑学的发展提出了极高的挑战。

1.1.2　国内城市化进程中出现的问题

20世纪90年代以来，在30多年的时间里，中国的城市化水平提高了近一倍。城市化的速度大大超出了经济发展和普通民众的承受能力，而且城市化建设中也不可避免地出现了如盲目追求项目大规模、高标准以及土地严重浪费等不良倾向。

中国正处在大规模城市投资、建设和大规模改变自然和人类环境的关键时期。中国城市要么按照美国的"汽车—城市蔓延—高速公路—石油"的模式去发展，重蹈美国破坏世界环境的覆辙；要么就利用这个人类历史上的重要时机，正视汽车时代固有的缺陷挑战，选择一条可持续发展的新路。[1]

中国快速城市化进程中主要面临的城市发展问题有：

（1）快速城市化与人口高密度化并行

人地矛盾尖锐，城市密度失当，在快速城市化与人口大量涌入城市的过程中，过快的城市建设欠缺细致谨慎的城市密度研究，事实上，过高或过低的密度均会导致城市发展的问题。

1）在城市核心区，过高的密度会造成建筑过度集聚，带来交通拥堵、通风和采光的影响，导致局部热岛效应问题严重，如不进行规划和城市设计导则的约束，极易造成拥挤的城市景观，降低城市空间环境品质，以及局部地区建筑能耗过于集中，造成进一步的能源和环境的压力。

2）城市化与人口密度不相匹配的区域，存在两种情况：一种，诸如城市中心城区人口密度极高，而土地和人均空间指标极低，市政基础设施配套度不够，而此区域土地价格昂贵、城市既有的空间结构形态无法容纳过高的城市更新和再城市化体量，同时城市再开发的进程与人口密度的快速提高进程并未匹配；另一种，在建设密度和城市化水准较高的城市新区，容积率按较高的指标设置，而产业配置却未形成相应的规模和引力作用，相应的人口密度相去甚远，造成土地空间利用的严重浪费以及与城市化发展相脱节。

3）一些未经"规划"而建设的地区，例如城中村，高密度形态无序集聚，看上去是"过度紧凑并集约"，但实际上，其混乱的空间秩序和低劣的人居环境品质，完全与紧凑城市绿色宜居的理念背道而驰。

4）在城市郊区，过低的密度以及粗犷无序的建设开发所导致的建设用地利用率较低，不仅带来城市土地和建设的浪费，而且过度松散的空间结构导致通勤型交通距离增加，带来高能耗和污染的同时也不利于可持续城市的发展。

（2）可持续城市发展理念实施与城市化发展速度不匹配

快速城市化意味着城市规模、密度、建筑高度和人口密度的高速聚集和提升，然而，可持续发展的理念却远远未跟随建设发展的速度同步渗透。基于土地经济的边缘效应，依然可以看到城市郊区大量的集中性开发和城市蔓延现象在继续，在中心城区，由于高昂的城市更新成本，也依然存在大量低效、无序、消极的土地和城市空间。同时，受制于计划经济时代和早期土地划拨单一功能引导的局限，大量单一功能、低效开发的城市地块造成相邻城市街区可达性低下，渗透性差，形成与既有城市空间、形态、密度完全脱节的区域。

高密度的紧凑城市发展模式可以减少交通需求，降低交通所带来的能源消耗，减少城市蔓延对自然环境的侵蚀，使得公共交通便捷而高效，从而降低城市热岛效应，同时，也提高了邻里和公共空间的活动频率，减少由于过度依赖人工环境所产生的能源消耗，提高城市的可持续性。

（3）城市街区绿化、开敞空间侵占、微气候环境恶化

城市更新进程中，追求效率的土地综合开发往往决策集中于利益导向，大尺度的综合开发建设日渐侵占步行范围内的绿化空间和公共空间，造成街区内部的微气候环境恶化、自我调节能力丧失，公众利益受到损害。

对于高密度城市空间而言，城市街区的微气候环境研究还有进一步的意义：1）如果不能够提供舒适室外空间，相对较少的人群会让自己的时间在室外度过，降低了城市空间的利用效率，降低了城市公共空间的活力度。2）因为缺乏人们期待的室外环境，人们会尽力留在室内，更多地使用空调，从而增加了能源消耗。城市大尺度的气候环境短期难以改善，而街区尺度的微气候可以通过合理的建筑物布局和景观配置进行改善，以自然方式实现节能减排，实现资源节约，成为生态城市发展的重要一步。[2]

随着高密度地区生态环境问题的日趋严重，绿色语境下，以生态、节能、可持续为核心理念的城市研究已经成为主要发展方向，未来高密度空间环境相关的研究将主要集中在生物气候适应性、空间形态节能设计、新技术手段应用等方面。

1.2 研究视点

迄今为止，学界有关紧凑城市的定义及内涵尚无标准和限定范围的定义，根据文献显示对紧凑城市概念的意义各界存在多种观点。

（1）促进城市再生视点

布雷赫尼（Breheny）对紧凑城市的定义为：促进城市的重新发展、中心区再次繁荣，保护农地、限制农村地区的大量开发；提倡更高的城市密度，功能混合的用地布局，

优先发展公共交通，并在其节点处集中城市开发。[3]

（2）空间关系论视点

仇保兴等认为，紧凑城市强调混合使用和密集开发的策略，使人们居住得更靠近工作地点和日常生活所必需的服务设施，不仅包含着地理概念，还重在强调城市内在的紧密关系以及时间、空间概念。[4]

（3）城市发展战略论、政策论视点

韩笋生等认为，紧凑城市是一种运用城市紧凑空间的发展战略，通过增加建筑面积和居住人口密度，加大城市经济、社会和文化的活动强度，从而实现城市社会、经济和环境的可持续发展。李琳认为，"紧凑"并不是一种具体的、特定的城市形态，而是一种城市发展战略。[5, 6]

本研究基于紧凑城市理论城市形态学研究和空间环境关系论的研究视角，并结合传统 TND 邻里发展理论、生态城市理论及高密度城市的可持续发展理论的相关理论内涵，构建高密度城市街区的环境品质研究体系。

1.3　研究尺度

卡尔莫纳（Carmona）将城市设计对象的空间规模分为建筑、空间、地区、新住宅区（2002）。若以紧凑城市为题进行思考，可将城市空间做如下 3 个层次的划分：

（1）街区层次：将公共空间和建筑空间进行一体化设计。譬如城市中心区、商业中心、象征性的道路以及广场这样的公共空间和建筑群等。

（2）地区层次：住宅区和新城等具有一定空间规模的地区设计。如美国的 TOD（进行与公共交通一体化的开发）、TND（采用传统地区形态的开发）和英国的都市村庄（符合人性尺度，具有高密度及复合功能的开发）等。

（3）城市、城市圈层次：城市整体和城市圈、地区的形态和结构，以及开发模型的设计。如美国的精明增长（抑制城市无序扩展的城市增长政策）、哥本哈根的指状城市结构（通过在公共交通设施的沿线进行高密度的开发，实现城市成长与紧凑的市区形态两者并存的城市结构）等。[7]

一座城市可持续发展实现的程度，既与城市街区的形式有关，也与各项功能的布局有关。街区的设计手法和街区内的土地利用的混合方式，都影响着建成环境的质量。目前可持续发展领域的学者普遍认同的观点，是反对土地利用规划这一粗略的概念，主张采用基于多种功能和活动混合的更为精细的城市结构形式。

城市化的快速进程导致城市空间形态发生巨变，产生一系列的城市问题，其中城市气候环境的恶化已严重影响到城市居民的日常生活。街区空间是城市居民使用最为频繁的空间，是城市居民活动产生的各种人工热集聚的区域。

基于以上论述，本研究将从紧凑城市的理论视角、以建设可持续的街区为研究目标，研究尺度立足于城市街区层次的城市空间，重点对城市形态所体现的密度、结构、生态舒适性进行系统分析。

1.4 研究核心内容及概念阐释

1.4.1 高密度城市

"密度（Density）"首先在物理学意义上是指单位体积的某种物质的质量；城市高密度地区的界定基于城市物质建造环境，以高建筑密度为主要评价依据，是指处于高建筑容积率，或高层建筑密集，或高建筑覆盖率以及低开放空间率状态之中的城市物质建造环境，并包含了可能的城市公共资源与市政设施的高紧凑度，以及城市交通系统高密集度。

从城市环境与形态角度看，高密度包含以下四项因素：①高建筑容积率或高层建筑密集；②高建筑覆盖率；③低开放空间率；④高人口密度。[8]

城市高密度地区包括两个意义，根据这四项因素可将高密度归类为两方面的内容：一是人口高密度地区，在城市化及相关理论中研究较多；二是建筑高密度地区，指城市中单位面积上所容纳的建筑规模，是衡量城市开发强度的重要指标之一。

建筑容积率是独立于建筑类型、建筑形体与组构方式的建筑容量强度指标，研究建筑环境空间的密度状况，一般来看，建筑容积率高的地区其环境密度就处于高的状态，而容积率低其环境密度也低。

高密度的特性，其实就是建筑及其围合所形成的空间高度、空间容积、空间密度等空间要素的密度问题。城市高密度状态可分为以下三种类型：高密度状态下的城市中心区（多为单核城市）；高密度状态下的城市核心区（多为多核或新城）；高密度状态下的城市非中心区（多为单核或分散组团型城市中心区）。

高密度状态下的城市核心区，即第二种类型，由于建筑密度和城市形态形成时间较早，也是城市空间高度饱和、人地矛盾最为尖锐、建筑空间最为紧张的区域，其物质建造环境以高密度为主导状态：高建筑容积率、高层建筑密集或高建筑覆盖率，以及城市公共资源与市政设施、交通系统的高紧凑度。

在规划与建筑设计中，有些达成共识的评价密度高低的标准：通常认为容积率低于 0.75 为低密度，介于 0.75～1.6 为中等密度，而高于 1.6 就为高密度了。以 100 平方米为一个居住单元计，容积率 1 就为每公顷 100 个居住单元，处于中等程度密度状态。容积率 1.6 就是每公顷 160 个居住单元，为高密度居住小区。高层建筑密集地区，有时建筑的覆盖率并不高，但是容积率往往超过 2.0，通常认为这些地区也是高密度地区。

对高密度城市的界定，国际学术界主要倾向于使用城市人口密度作为划分指标。由于城市人口密度存在着边际效益，一个城市的人口密度增加到一定状态时将自然趋于稳定；所以，对于特定城市的人口高密度标准在理论上是存在的。[9]

对于高密度城市环境的阐述，一些相关的概念、术语和定义是批判性的重新审视，伴随着相应的核心关键词：密度，强度，可持续性，混合空间和城市空间等。

本研究重点关注于高密度城市的物质空间形态研究，考虑城市设计中以密集人口活动为依托，研究其建成环境的形态特征，故本研究城市样本选择参照人口密度值＞15000 人 /km² 作为研究门槛依据。

1.4.2 街区

"街区"一词是由英语"block"直译得来，在中国的传统习惯里与之对应的词汇是"街坊"。《辞海》《现代汉语词典》中都未收录"街区"一词，而在《语言大典》中，对街区的解释为：①通常由街道围绕，有时由其他边缘（如河流和铁路）围绕的长方形空地（如在城里），被使用或计划作为修建建筑物之用（包括整个街区的工厂）；②一组邻近的建筑物（如由单一机构承建的房子）；③沿着这样一个街区的一边的距离。

本研究所指的街区，是指由城市街道（或者道路）红线围合而成的城市用地集合，包含建筑、绿化、设施等，即多个街坊共同构成的局部城市区域。

1.4.3 城市形态

"形态 -Morphology" 最初源自希腊语中的 "Morphe"（形）与 "logos"（逻辑），自 19 世纪初，形态学应用于城市范畴，逐步出现了城市形态学的萌芽和发展，在建筑学、历史学、人文地理学等领域出现了关于城市形态的广泛研究和探讨，丰富了城市形态学的内涵。[10]

英国学者莫里斯（Morris）在《城市形态史》一书中指出：所谓规划的政治（Politics of Planning）对城镇形态曾有过决定性的影响。意大利建筑师罗西（A.Rossi）则认为：城市依其形象而存在，而这一形象的构筑与出自某种政治制度的理想有关。[11]

城市形态（Urban Form）是指城市的物质空间布局以及开发模式。城市形态本身不能解决城市的社会和经济问题，也不能导致可持续的行为，但却直接影响了城市系统内部的结构和功能，并能够为可持续性的行为提供正确的框架。城市形态对可持续性的整体影响可以通过调整城市土地利用和交通系统来实现，继而影响整体资源和能源的消耗。[12, 13]

城市形态主要由密度、土地利用、住房及建筑类型、布局和交通设施等构成。[14]研究一种新的城市形态及居住模式，进而提高城市运行效率是建设可持续城市的基本要求。[15]街区的空间形态，直接影响城市总体形态和土地利用。作为城市物质空间形态的基本要素之一，街区同时与其他城市物质形态要素发生作用，且其范畴内部就包含若干要素，因此是一个复杂的系统，它具有多层次性、多功能性、多结构性；具有开放、动态特征，在历史演化中发生了一系列变化，这些变化需要探究和思考。

城市形态学（Urban Morphology）是对城市的实体组合结构以及对这种组合结构随着时间演变的方式所进行的研究。城市形态学研究的基本问题是城市的形式与结构及其环境之间的关系，是对于城市景观（Townscape）进行的研究。[16]

城市空间形态要素的分类和几何特征的测度，是定量研究其对于城市环境的作用的问题，对于城市设计体系内很多形态要素，还缺乏有效的特征描述方法。

当前，我国的城市形态学研究主要体现在城市规划和城市地理领域，研究往往偏重城市建设的需要，理论和实践成果研究不够深入，研究领域也较为局限，未能形成多学科交叉研究的局面。此外，研究的方向偏于城市宏观结构，对于中微观尺度的街区、建筑研究较少。[17]

尽管城市微气候与城市形态的关系和作用规律问题属于一个跨学科的研究，然而，不同学科背景的研究各有侧重：气象学、环境学科的研究重点是城市环境中气象动态的模拟和气象数据的计算；而建筑学的研究则关注城市形态如何影响气候，在城市微环境气候研究中，建筑学的研究对象依然是城市形态，而对应的问题由传统的城市外部空间美学指标转换成城市环境与可持续发展指标。

本研究中所指城市形态研究聚焦中微观街区的尺度形态，对高密度城市形态样本进行重点要素指标的提炼，用于系统的形态量化和空间研究。

1.4.4　街区生态气候环境

城市气候（Urban Climate）是在区域气候的背景下，在城市的特殊下垫面和城市人类活动的影响下，形成的一种局地气候。[18] 城市街区气候环境是在大区域气候下，城市人工环境与人类活动共同作用的结果，是相对独立的气候系统，城市微气候的负作用会直接影响其所在城市人工环境的空间和能源使用方式。城市的微气候条件构成了单体建筑的外在直接气候环境，直接影响室内空间的舒适性以及使用者采用暖气或空调的时间和能耗。

城市的形态与轮廓——建筑群的形状、高度和体量，街道与建筑的朝向、城市开敞空间的表皮属性，以上这些方面都会对城市气候产生一定的影响。所以每个城市的人工元素会在它们的周围和上方形成一个被其改变的气候环境，进而这些人工元素又与该气候环境之间相互影响着。[19]

加拿大气候学者奥克（Oke.T.R）将城市气候环境划分为3个尺度的研究：（1）城市尺度，即研究整个城市尺度气象与气候的影响，水平方向扩展到周边区域；（2）局部尺度，即在街区尺度空间分布上对包括街区环境景观特征、建筑物大小和间距等进行细化分析研究；（3）街坊尺度，以建筑物组团为对象，研究在小区尺度上若干栋建筑及其周边的微气候环境情况。[20]

目前，关于城市气候分析和评价的研究虽然很多（往往集中在城市环境科学、建筑气候学领域），但其成果较难与城市设计的实践相结合，如何将城市气候评价的成果"转化"为具体城市设计策略和形态控制准则方面的研究还很不够。[21]

本研究中所涉及的街区气候环境研究是指结合局部尺度的研究，在城市街区尺度的范围内，进行不同结构、密度、形态下的微气候环境特征研究，研究结果旨在丰富城市设计理论并对相关设计实践给予参考与指导。

第2章 | 绿色语境下高密度城市研究背景

2.1 全球对于可持续城市化的关注与发展历程

全球城市可持续的发展理念，源自 20 世纪 70 年代，石油危机的出现导致整个社会对于可持续发展理念的兴起和关注，伴随着全人类社会对于资源和发展的深刻反思，诞生了若干关于可持续发展理念的重要决议。

1972 年，斯德哥尔摩联合国人类环境讨论会上，"可持续发展"的概念——作为一个对后世产生深远影响的提议正式诞生："既能满足当代人的需要，又不对后代人满足其需要的能力构成危害的发展"。

1987 年，世界环境和发展委员会发布来自布伦特兰的报告，发表《我们共同的未来》，在集中分析了全球人口、粮食、物种和遗传资源、能源、工业和人类居住等方面的情况，并系统探讨了人类面临的一系列重大经济、社会和环境问题之后，这份报告鲜明地提出了 3 个观点：

（1）环境危机、能源危机和发展危机不能分割；

（2）地球的资源远不能满足人类发展的需要；

（3）必须为当代人和下代人的利益改变发展模式。[22]

1993 年，由联合国 150 多个成员国共同签署的《里约热内卢宣言》，旨在全球框架内，在全球国家、社会重要部门和人民之间，建立一种新的、公平的伙伴关系，为签订尊重全球生存者的利益和维护全球环境与发展体系完整的国际协定而努力，认识大自然的完整性和互相依存性。

城市领域被认为是实现人类可持续发展的一块重要阵地。首先，对于不可持续发展问题作出反应的大部分声音，应该从城市响起："因为正是这里，产生了最为严重的环境破坏，也只有在这里，许多问题才能得到有效的改善和解决。"

在全球能源日渐紧缺、环境污染以及城市建设土地供应日益不足的背景下，20 世纪 80、90 年代，可持续发展已经成为城市发展的关键目标。

西方国家陆续提出了适应可持续发展的城市理论，极具代表性的理论主要有：欧洲学者倡导的紧凑城市理论——"Compact City"，美国学者提出的新城市主义理论——"New Urbanism"和精明增长理论——"Smart Growth"。

2.2 可持续发展与高密度城市发展的内生关联

2.2.1 能源背景

美国的碳排放有 40% 来自家用能源和交通，其中私家车是最大的排放源，私家车的使用又与人口密度紧密相关，人口越密集，私家车的使用越少。同时，美国学者爱德华·格莱泽（Edward Glaeser）进一步提出，高密度的城市生活，不仅有利于保护自然生态，而且可以激发创新，有利于面对面的人际交流，多元文化的碰撞，自古以来就是人类进步的引擎。[23]

20 世纪 70 年代的石油危机，使人们意识到"田园资本主义"的能源瓶颈，环保运动的崛起也使人们对汽车社会开始反省。于是，20 世纪 80 年代初期，"新城市主义"兴起，其要旨是回归汽车社会以前城市设计的原则。比如，注重创造步行空间，以公共交通特别是轮轨通勤设施为核心来设计城市，强调密集型的发展，最大限度地减少汽车的使用等。这样，人口集中在中心城市和主要的卫星城，彼此靠轮轨连接。轮轨车站成为都市和卫星城的中心地带，各种商业和公共设施林立，大部分人口可以步行或骑行到达这样的中心地带。20 世纪 90 年代，虽然郊区化愈演愈烈，乃至发展成远郊化，但"新城市主义"的潜流也越来越强，都市的复兴使市区的环境变得越来越具吸引力。[24-26]

2.2.2 交通环境背景

交通技术对于城市的形式起着决定性的作用，在以步行为主的城市里，街道往往狭窄曲折，例如欧洲的城市街道，如佛罗伦萨或巴黎的市中心，在步行道的两侧挤满了商业店铺，当人们的交通必须依靠步行时，城市空间尺度以人的需求为考量，空间往往尽量相互靠近；当城市以火车、轨道交通和垂直电梯为考虑时，往往形成更宽阔的网格状街道，街道两侧也会布置商业，但更多的是高层写字楼，如纽约曼哈顿和芝加哥中心区；当城市空间完全以机动化车行交通为考量，往往拥有大量的车行道路，人行通道较少，商业和行人被转移进入了大型的购物中心。[27, 28]

城市中机动车出现是汽车时代的第一阶段，大规模兴建公路系统是第二阶段，那么大规模的郊区化和汽车为主导的城市崛起则是第三阶段，人们面对交通技术的进步不断调整并做出新的城市空间来应对。公路系统的急剧增长带来城市在水平空间上的快速扩张，人群的通勤距离也被逐渐地拉远，以汽车为主的城市空间给人的感受与传统城市完全不同，由于没有了步行的需要，汽车为人均可使用的土地面积上升提供了支持，人口密度与汽车的使用之间也存在着明确的负相关关系，在各类城市中，人口密度每增加一倍，开车去上班的人口所占的比例通常也会下降6.6%。与公共汽车、轨道交通和步行相比，汽车交通需要占用更大的空间，不仅需要大量的路面空间还需要大量的停车配建设施，从步行行为转换到小汽车行为，带来40倍土地占用面积的增加，这也可以解释为什么以汽车为基础的城市将那么多的土地用于建设交通道路和设施。[29]

2.2.3 集约化建设与城市环境背景

高密度城市环境是因商业、金融、交通等城市功能集聚而导致的、密集紧凑状态的城市地区，物质空间环境的高密度往往伴随着人口的高密度；紧凑城市是支撑城市高密度发展的重要理论，随着联合国提出21世纪计划，该理念陆续获得欧盟、亚洲多数国家的广泛认可（联合国人居环境署，2013），其核心观念在于高效利用土地，关注建成空间的更新与再开发，在城市中心获取更多的使用空间和更高效的功能联系；紧凑型城市形态比扩展型更可持续，体现在城市建成地区内，以更高密度的混合功能开发，减少因职住分离导致的多余温室气体排放；控制城市蔓延，减少人工环境对土地和自然资源环境的侵蚀；面对我国土地与自然资源稀缺、人口稠密的城市发展背景，紧凑城市有利于土地资源的整合高效利用，促进城市紧凑可持续发展。[30]

同时，高密度城市环境面临微气候压力的问题已成共识，有东京学者曾设定紧凑和分散两种城市发展情景，研究了东京城市群的空间形态与热岛效应的关系，结果表明紧凑型城市能显著减缓城市群整体热岛效应，但会明显增强东京中心城区的热岛效应；[31] 高密度城市街区因容积率、密度、高度的增加，以及建筑间距紧张、开敞空间稀缺等因素，易导致日照不足、通风不畅等问题。[32, 33] 由于经济、产业、人口等要素的集聚，在局部城市地区内，温室气体排放较为集中，导致环境过热；已有大量研究显示城市形态相关指标，如建筑密度、建设强度、街道高宽比均会对城市微气候品质产生直接影响；密集化的城市形态会直接引发微气候环境恶化，造成空气污染加剧、空气自然冷却失效、自然光对步行街道和公共空间的渗透减少等问题。[34-38]

随着我国城镇化率已经超过60%，土地利用的存量提质和增量结构调整并重，需要推动城市结构优化、功能完善和品质提升；建设宜居城市、健康城市，不断提升城市人居环境质量是重要的发展原则，需要注重弥补和完善快速城市化建设中遗留的城市环境问题。城市不应再简单追求单一的经济效益，需要精心设计和营建强度适宜、环境友好、与自然和谐的建筑及其人居环境。

在高密度建成环境中，紧凑集约的发展模式与城市环境品质之间存在无法回避的矛盾，探索其矛盾的内在原因和平衡原则，需要在紧凑发展和环境之间科学论证适宜的城市发展区间和阈值。

2.3 城市设计维度的研究意义

在我国发展背景下，城市设计正成为一项重要的空间干预手段，在高密度建成环境中进行城市设计提升，需要从提升城市综合生态绩效的角度探索平衡机制；城市空间优化既要做加法，又要做减法；既要有中心区位空间的增高加密，又要有绿色生态空间的清退腾空，利用城市更新增加已建成区的公共开敞空间和绿色空间，提升城市品质，改善人居环境。建成环境中的建筑、公共开敞空间和绿色空间共同塑造了局部城市地区的微气候环境，建筑物之间存在相互依存的动态能量关系，形成对室外环境的综合影响；高密度城市环境更新，需要城市设计来协调人工环境和自然要素的重组，这是实现日照、空气流通等微气候环境优化的重要路径。同时，由于城市形态与密度对城市微气候的作用具有重要影响，利用城市设计来进行形态导控，是实现城市环境优化的重要方式。[39]

2016年国家发展改革委、住房城乡建设部提出建设"气候适应型城市"，在宏观政策的引导下，针对城市在气候变化下的突出性、关键性问题，涌现出大量前瞻创新的微气候研究探索。在城市更新实践中，已有实践项目对设计方案采取自然采光、通风的模拟评估，但进行城市微气候品质定量研究的成果相对较为贫乏，在城市设计实践中，亦缺乏相应的形态设计、导控内容。[35, 39-41]

城市环境学、建筑气候学的研究与城市设计实践结合不足，气候评价分析的成果亟待"转化"为具体的城市设计策略和形态控制准则；城市热岛、空气污染严重影响人体健康，城市设计作为城市空间形态设计的指引框架，对微气候环境改善可望产生积极作用。在实践层面，如何进行高密度建成空间健康微气候环境的改善提升，尚缺乏科学依据支撑，我国建成环境更新和优化的机制大多从土地价值、经济贡献、产权切分和多方权益价值平衡的角度出发进行机制设计，较少从宜居健康角度考虑建设导控。随着城市发展逐步从经济导向转向人本导向，建设强度和适宜空间形态的确定依据需要从多元维度进行科学论证，如何从环境可持续、健康宜居的角度来判断城市设计的合理性，需要从科学实证性研究中获得判定依据。

第3章 | 高密度城市理论脉络研究

3.1 城市规划重要历史阶段与理论

近百年来，由于城市的高密度环境激发的城市矛盾和危机，伴随着每一次的经济与科学技术进步、城市扩张与人口膨胀及高速城市化，以及由此而产生的城市生产和生活环境的恶化、城市病的蔓延、社会危机、能源危机的爆发等，掀起一次又一次的理论思辨高潮。

对于城市空间形态的争论，不同时期的学者有着不同的动机与意图，然而核心关注的还是城市的空间环境品质。正如规划理论学者霍尔（Hall）所言，20世纪的规划史反映了人们对于19世纪的城市所面临的糟糕境况的不满。对于霍华德（Howard）、格迪斯（Geddes）、赖特（Wright）、柯布西耶（Le Corbusier）、芒福德（Mumford）、奥斯本（Osborn）及其后来的追随者来说，这种不满的确是驱使他们孜孜不倦地进行研究的动机。但从第一次世界大战结束后到1945年之间的这段时间，城市的糟糕境况似乎又变得没有那么明显了，而从那里所产生的问题越来越根植于20世纪本身的现实状况。于是，这个时期城市规划呈现出动机多元化、具体化和更加理性化的特征，然而此时集中派和分散派的阵营界限依然十分明显。[42-44]

对于城市空间形态与密度的思辨，多种探讨和分析大多受基于时代背景的主体城市思潮所影响，在近现代城市和建筑历史理论向度上，可基本归纳为以下几个具有特殊意义的历史阶段。

3.1.1 1860-1889年工业城市理论的主导时期

在这一时期，工业成为主宰全球城市的主要力量，城市以巨大的经济活力吸引大量的人群迁入，该时期的城市研究主题是如何制定工业社会条件下城市的合理发展方式。戛涅（Garnier）最早提出的工业城市布局，是根据工业生产的要求而定，对环境影响最大的工业建筑尽可能远离居住区，需要大量密集劳动力的纺织厂则考虑靠近居住区，将功能用途按工业生产需求划分明确，各得其所。

西班牙工程师索里亚伊·马塔（Soriay Mata）在 1882 年提出"带形城市"模式，主要出发点是城市交通，马塔认为这是设计城市的首要原则。因此，在他设计的城市中，各要素都是紧靠城市交通轴线聚集，而且必须遵循结构对称和留有发展余地这两条原则。（图 3-1）

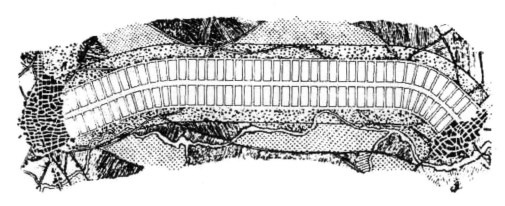

图 3-1 带形城市空间形态
来源：https://upload.wikimedia.org/wikipedia/commons/6/6e/Ciudad_lineal_de_Arturo_Soria.jpg

马塔以一条宽度不小于 40m 的干道作为城市的"脊椎"，电气铁路铺设在轴线上，两边是一个个街坊，街坊呈矩形或梯形，其建设用地的 1/5 用来盖房子，每个家庭都有一栋带花园的住宅。工厂、商店、市场、学校等公共设施按照城市具体要求自然分布在干线两侧，而不是形成传统的城市中心。

该历史时期的城市理论，价值取向较为单一，均基于工业生产及其生活关系模式的角度，城市空间和结构模式也相对单一。[45]

3.1.2 1890-1915 年田园城市理论的主导时期

1898 年，霍华德将其学说思想以《明日：一条通往真正改革的和平支路》一书正式出版，在英国社会改革思潮影响下，针对工业社会中城市出现的严峻问题，摆脱了就城市论城市的狭隘思路，从城乡结合的角度将其作为一个体系来解决。霍华德认为"实现文明的激进思想只有在那些根植于分散化的社会形态的小社区才能实现"。不过他也承认，城市的确拥有一些诱人的特征，因此他一直在寻找一种能够将小城镇和大城市的优点完美结合的城市形态。

霍华德构想的花园城市可以容纳 32000 人，人口密度约为 25 ~ 30 人 / 英亩（60 ~ 74 人 /km²）。费希曼（Fishman）认为这个人口密度值是从理查德森（Richardson）1876 年对于休吉尔（Churchill）——"一个健康的城市"的规划中借用而来的。霍华德的数组花园城市范例，通过铁路互相连接，共同组成了一个多中心的社会城，但实际上

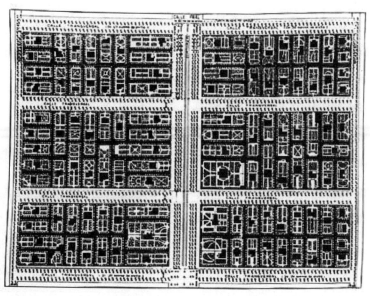

图 3-2 带形城市街区单元

来源：*The spanish Linear City*

https://alchetron.com/Arturo-Soria-y-Mata#demo

他所提供的规划方案是一种相对遏制的分散化主张，这使得霍华德与主流的分散论者在某种程度上有所区别。[46]

1912 年，雷蒙恩温和昂温（Raymond&Vnwin）在所著《过度拥挤将一无所获》（*Nothing Gained by Over Crowding*）一书中，进一步阐释、发展了霍华德田园城市的思想，并在曼彻斯特南部的 Wythenshawe 进行了以城郊居住为主要功能的新城建设实践，正式提出了"卫星城"的概念，提出最高的密度限制应该是每英亩 30 个住宅单元。（图 3-3）[47]

1912—1915 年，帕特里克·格迪斯（Patrick Geddes）在《进化中的城市》中提出研究城市及其演变的目的，不仅在于追溯它的过去，更重要的是通过变幻不定的现象去预见它的未来。"城市改造者只有把城市看成是一个社会发展的复杂统一体，考虑到其中的各种行动和思想都是有机联系的"，告诫人们在研究城市时必须整体地、动态地看问题。[48]

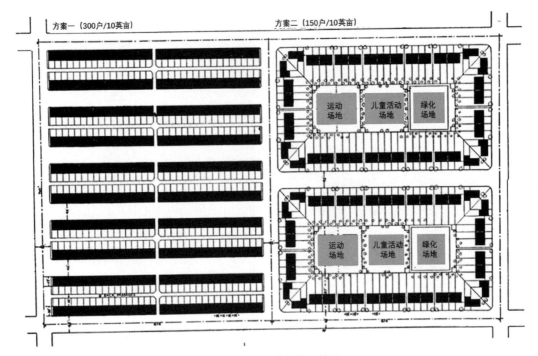

图 3-3　田园城市街区单元

来源：https://ocw.mit.edu/ans7870/11/11.001j/f01/lectureimages/6/image19.html

3.1.3　1916-1945 年城市发展空间理论、当代城市、广亩城市思想的主导时期

这一时期的城市空间发展理论产生了多元化的变革，赖特在《消失的城市》（*The Disappearing City*，1932）中则建议一种理想的密度应该是每英亩一栋住宅。与霍华德的田园城市相比，广亩城市在很多方面与其有着巨大的不同：从社会组织方式看，田园城市既想保持城市的经济活动和秩序，又想结合乡村自然幽雅环境的特点，因而是一种折中的方案；而广亩城市则完全抛弃了传统城市的结构特征，强调真正地融入自然乡土环境中，实际上是一种"没有城市的城市"。从对后世的影响来看，田园城市的模式导致了后来西方国家的新城运动（卫星城运动），而广亩城市则成为后来欧美资产阶级郊区化运动的根源。赖特论证的基础是汽车和廉价的电力遍布各处，那种把一切活动集中于城市的需求已经终结：分散，不仅是住所，而且也包括就业岗位，这是他定义未来的发展法则。他建议通过规划，发展一种完全分散的、低密度的城市来促进这种趋势。[49]

但是，广亩城市以小汽车作为通勤工具来支撑的美国式低密度蔓延、极度分散的城市发展模式，对大多数西方国家而言是无法模仿的，1990 年代后更是被新城市主义思想所竭力反对。

1933 年，柯布西耶提出关于城市改建和新城建设的思想，在他的两部重要的著作

《明日城市》和《光辉城市》之中，核心思想主要集中在以下 4 点主张：

（1）认为传统的城市由于规模的增长和市中心拥挤程度的加剧，已经出现功能性的老朽，随着城市人口集中，城市核心区产生对产业、配套和人口的巨大吸引、聚合作用。

（2）提出一个关于拥挤的弊端可以用提高密度来解决的反论，这个论点的关键在于：密度从这一方面既有所增，那么从另一方面就有所减，例如从高层建筑能取得很高的密度，但是同时高层建筑周围又将腾出很高比例的空地——而关于这个比例，柯布西耶给出革命性的建议是 95%。

（3）关于城市内部的密度分布。传统的情况，一般是市中心区的居住人口高于边缘，但从 19 世纪 60 年代起，随着大量城市交通的发展，这种"密度的梯度"在有些情况下被拉平了，中心的密度较低，而在较远的地方则比通常的农村密度高，欧洲大陆城市的这种情况比英国城市显著多很多，此外，还有一个更为明显的向中心集中的"就业密度的梯度"。柯布西耶建议消除这种状况，办法是用整个城市实际上的平均密度来代替，这样将减弱和消除中心商业区的压力，人流将更多地分布在整个城市。

（4）提出新的城市布局形式可以容纳一个新型的、高效率的城市交通系统，由铁路和人车完全分离的高架道路结合起来，布置在地面层以上。当然，多数居民都住在他们之下。[50]

柯布西耶在《光辉城市》中提出对于巴黎的设想，300 万人城市分为卫星城、商业办公区、火车站、居住区、轻工业区、仓库和重工业区，呈轴向延伸发展，地面高速公路形成立体交叉，地下有地铁网络穿过。商业办公区建筑的摩天大楼呈十字形平面布局，有 5% 的土地用于建筑，其他 95% 的土地解放出来，形成超高密度发展，提出的居住密度为每公顷 1000 人甚至以上，同时，多数的土地并不被建筑物所占用（图 3-4）。[51]

柯布西耶对于这个体现高度功能理性的"集中主义城市"是这样设想的：

（1）城市必须是集中的，只有集中的城市才有生命力。他坚决反对霍华德的田园城市模式。

（2）传统的城市由于规模的增长和中心拥挤程度的加剧，现存功能性的缺陷和落后，需要通过技术改造以完善它的集聚功能。

（3）拥挤的问题可以用提高密度的方式来解决，高层建筑是柯布西耶心中关于现代社会的图腾，从技术上讲，也是适应"人口集中趋势、避免用地紧张、提供充足的阳光和绿地、提高城市效率的一种极好的手段"。

（4）集中主义的城市并不是要求处处高度集聚发展，而主张应该通过分区来调整城市内部的密度分布，使人流、车流合理地分布于整个城市。

（5）高密度发展的城市，必然需要一个新型的、高效率的、立体化的城市交通系统来支撑。

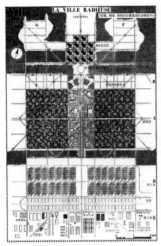

图 3-4　光辉城市规划及空间模式

来源：《光辉城市》，Le Corbusier

如果说霍华德是希望通过分散的手段来解决城市的空间和效率问题，那么显然，柯布西耶则是希望通过大城市革命性的重组，在人口进一步集中的基础上，借助于新技术的手段来解决城市问题。[52]

光辉城市的设计通过引入 1000 人 /hm² 的人口密度，彻底颠覆了传统城市的肌理，意味着革命性的城市空间发展模式，将巴黎、纽约、布宜诺斯艾利斯和光辉城市采用同一比例对照，光辉城市的尺度远远超出传统城市的街区尺度（图 3-5）。

光辉城市的理念对于高密度的阐释，是现代城市和传统城市决裂的一个重要分界，也是重要的历史标志点。现代主义利用建筑高度和巨大体量来提升城市总建设强度，使得现代城市街区的尺度和规模远远超过历史中的任何一个城市。

霍华德和柯布西耶的思想展现了两种截然不同的城市发展导向：分散发展与集中发展。两种模式显示出完全不同的城市理念和方法体系：霍华德的田园城市源自他对于社会改革的理想，因此在论述过程中更多地体现出了"人文关怀"和对于社会、经济问题的关注；而柯布西耶则基本是从一个纯粹的建筑师角度出发，对工程技术的手段更为自信，企图以物质空间的全面改造来实现改善整个社会的目标。在关于城市发展的基本走向上，霍华德是希望建设一组规模适度的城市（城镇群）来解决大城市模式可能出现的问题，遏制大（特大）城市的出现；而柯布西耶则希望通过对既有大城市内部空间的集聚与功能改造，使得这些大（特大）城市能够更适应现代城市社会发展的需要。[53]

图 3-5 光辉城市与传统城市空间尺度的对比

来源:《光辉城市》, Le Corbusier

3.1.4 1945-1980年城市规划批判、公众参与、社会公正、理性主义、可持续发展

20世纪50年代,美国过度郊区化导致中心城区的衰败,也促使新城市主义的诞生,20世纪70年代许多城市提出了中心城区复兴计划,希望重塑和发展城市中心的多样性,这恰好需要高密度的城市空间环境。

紧凑城市理论承接了规划理论中"集中派"的发展思想,还有更重要的内涵是对于可持续理念的进一步融合。

霍尔认为,在城市层面需要实现的两重目标是:(1)改善城市地区的物质空间环境质量;(2)改善城镇的可达性。这两方面在著名的布坎南报告(James M.Buchanan,1963)中得以清晰体现,对于理想城市结构的探寻催生紧凑城市理论的诞生,布坎南报告倾向于选择许多欧洲名城的高密集度发展模式,正如报告所指:紧凑城市发展有利于兼顾既有城市形态和保护乡村。[54]

紧凑城市的核心要素是"高密度",较高的城市密度将有助于提供在经济上可行的实证设施,并促进社会的可持续发展;同时,高密度将提高可达性。根据大伦敦厅的报告《旨在实现紧凑型城市的住宅供给》得出密度与服务设施可达性之间的关系。在伦敦的城市中心区,如果毛密度为50人/hm² 左右,公共交通的实现较为困难,而如果毛密度为100人/hm²,则公共交通的实现成为可能,如果毛密度达到150人/hm²,则公共交通服务可以得到充分实现。

埃尔金（Elkin）也指出主张提高居住密度和集中化来增加城市空间的使用效率，认为"规划应以实现土地利用的整合化和紧缩化为目的，并达到一定程度的自我遏制"；纽曼（Newman）和肯沃西（Kenworthy）也主张更密集化的土地利用方式、集中化的活动方式和高密度，综合利用城市，鼓励在现有城区的界限之内进行的开发，但这种发展不可以超越该边界。

另外有一些学者通过与其他城市形态的对比来描述"紧凑城市"。欧文斯（Owens）和里卡比（Rickaby）提出了两种重要的城市形态：集中化和分散了的集中化。

1961 年，加拿大的简·雅各布斯（J.Jacobs）是集中派的主要代言人，她出版的《美国大城市的死与生》认为纽约特有的建筑丰富性和生命力富有魅力，她认为应该提高城市密度，并坚信正是高密度造就城市的多样性，创造了像纽约那样多姿多彩的城市生活，她所建议的城市密度在每公顷 250 个居住单元。[55]

1978 年，荷兰建筑师库哈斯（Rem koolhaas）在《癫狂的纽约》中以纽约曼哈顿为摹本阐述了"拥挤文化"的概念，"拥挤文化"解释了像曼哈顿那样高密度城市环境中的高层建筑混杂密集、聚集的现象，不仅包括高层高密度城市建筑形态外在表现，而且更多地包含拥挤的物质环境所容纳的多样和丰富的文化。同时，城市中心土地稀缺与大量建筑空间需求之间的反差必然导致寻求高密度的发展途径，"通过提高密度来缓解城市的拥挤状态"，在城市空间拓展上由于在密集状态的水平方向制约下只能朝向垂直于水平向的空中或地下挤压伸展，这即是纽约的高层高密度和高效率密切融合的状态。[56]

3.1.5 1981-1990 年理性批判、后现代主义理论都市社会空间前沿理论、积极城市设计理论、生态规划理论、可持续发展理论

1987 年可持续思想的提出广泛影响了人类对世界、城市、生活的重新认知，"生态城市"理论、"生态脚印""紧凑城市"等都是以生态问题为出发点而提出来的发展模式再思考。[57]

生态城市（英文说法有 Ecocity、Ecological City、Ecopolis、Ecoville、Ecovillage 等），又称生态社区（Eco-Community）。20 世纪 80 年代发展起来的生态城市理论认为城市发展存在生态极限。[58] 其理论从最初在城市中运用生态学原理，已发展到包括城市自然生态观、城市经济生态观、城市社会生态观和复合生态观等的综合城市生态理论，并从生态学角度提出了解决城市弊病的一系列对策。

20 世纪以来出现的城市生态学两次高潮极大地推动了人们环境意识的提高和城市生态研究的发展。人与自然的关系问题在现代社会背景下得到重新认识和反思。早在 20 世纪 40 年代，塞特（Sert）把 20 世纪 30 年代 CIMA 会议的文件总结成一本书——*Can Our City Survive*，已经警示了环境破坏的后果。

芒福德也是最早认识到城市发展带来人与自然关系失衡的觉醒者之一，他敲响了反对小汽车和城市无序蔓延的警钟。[59]

20 世纪 50 年代，生态学已经形成较为完整的系统。对于生态学的定义，学界基本达成如下共识：生态学是研究生物之间、生物与环境之间相互关系的学科，城市生态学是生态学的应用领域之一，是以生态学原理研究城市生态系统的形态结构、组成功能、物质能量信息流动及其动态调控的学科。

1962 年生态学家卡森（R.Carson）发表了科普著作《寂静的春天》（*The Silent Spring*），此后以《增长的极限》（*The Limits to Growth*）和《生存的蓝图》（*A Blueprint for Survival*）为代表的许多力作反映了人们对生态环境的普遍关注，对已有经济增长模式提出了疑问。

1972 年 6 月 5 日至 16 日在斯德哥尔摩召开了联合国人类环境会议。会议发表了人类环境宣言，宣言明确提出"人类的定居和城市化工作必须加以规划，以避免对环境的不良影响，并为大家取得社会、经济和环境三方面的最大利益。"

1975 年，理查德·雷吉斯特（Richard Register）成立了城市生态组织，以"重建城市与自然的平衡"为宗旨，该组织在伯克利参与了一系列的生态建设活动，并产生了国际性影响。同期，国际上城市生态的研究得到蓬勃发展，生态城市的内涵不断得到丰富。雷吉斯特（1984）认为，除了伯克利的"城市生态"组织之外，还有许多其他人对生态城市基本概念贡献了关键性的思想。如麦克哈格（I.McHarg）（1969）的《设计结合自然》（*Designwith Nature*），保罗·索勒瑞（Paolo Soleri）的《生态建筑学：人类理想中的城市》（*Arcology，the City in the Image of Man*），舒马赫（E.F. Schumacher）的《小的是美好的》（*Small is Beautiful*）。肯尼思·施奈德等（Kenneth Schneider，etc）的《机动化与人性化》（*Autokind vs. Mankind*）、《社区空间框架》（*The Community Space Frame*）对生态城市作了更直接的阐述。

1984 年，雷吉斯特提出了建立生态城市的原则。与紧凑城市观点紧密关联的内容包括以下 4 方面：

（1）以相对较小的城市规模建立高质量的城市。不论城市人口规模多大，生态城市的资源消耗和废弃物总量应大大小于目前城市和农村的水平。

（2）就近出行（Access by Proximity）是建立生态城市的一个重要原则。如果足够多的土地利用类型都彼此邻近，基本生活出行就能实现就近出行。此外，就近出行还包括许多政策性措施。

（3）小规模地集中化。从生态市的角度看，城市、小城镇甚至村庄在物质环境上应该更加集中，根据参与社区生活和政治的需要，适当分散。

（4）物种多样性有益于健康。在城市、农村和自然的生态区域，多样性都是有益于健康的。这说明建立在混合土地利用理念上的城市是正确的发展方向。

1987 年，雷吉斯特在论著中提出了创建生态城市的原理，与紧凑城市有紧密关联的观点包括以下 3 方面：

（1）生态城市应该是三维的，而非平面的。城市是高密度的，并且土地利用是混合用途的（多样性的）。

（2）对邻里建设采取一系列措施：保护中等密度的邻里；在生态敏感或生态丰富的中等密度地区和低密度邻里地区拆除建筑物；把开发集中在具良好发展潜力的若干郊区中心，并停止远离郊区中心的开发；使大多数街道更窄，增加花园空间；使用其他有效刺激措施。

（3）建设生态上良好协调的高楼区和相对较高密度的地区，这包括在高楼上建设屋顶花园等。[60]

3.1.6 1991-2000 年及之后全球化理论、信息城市理论、社会规划、社会机制的城市设计理论

以公共交通为导向的发展模式（TOD）的理论背景是经历了并正经历着小汽车出行方式占主导地位的美国，其城市或地区经历了以郊区蔓延为主要模式的大规模空间扩展过程，此举导致城市人口向郊区迁移，土地利用的密度降低，城市密度趋向分散化，因此带来城市中心地区衰落，社区纽带断裂，以及能源和环境等方面的一系列问题，日益受到社会的关注。TOD 的目标原则之一就是通过提高密度来增加土地使用效率。

20 世纪 90 年代初，基于对郊区蔓延的反思，一个新的城市设计运动——新传统主义规划（New-Traditional Planning）出现，之后演变为新城市主义（New Urbanism）。彼得·卡尔索普（Peter Calthorpe）所提出的公共交通导向的土地使用开发策略逐渐被学术界认同，并在美国的一些城市得到推广应用。

公共交通导向开发的概念最早由彼得·卡尔索普在 1992 年提出，1993 年，在其所著的《下一代美国大都市地区：生态、社区和美国之梦》(*The American Metropolis-Ecology，Community，and the American Dream*) 一书中提出了以 TOD 替代郊区蔓延的发展模式，并为基于 TOD 策略的各种城市土地利用制订了一套详尽而具体的准则。目前 TOD 的规划概念在美国已有相当广泛的应用，这种模式将社区开发设计在沿轻轨铁路线旁，公共汽车网络排列在不连续的点上，每一个 TOD 都是一个密集的、紧密交织在一起的社区，在公交站点周边进行密集的商业、住宅、办公开发。[61]

从侧重小尺度的城镇内部街坊角度，安德鲁·杜安尼（Andres Duany）和 伊丽莎白·兹伯斯（Elizabeth Zyberk）夫妇提出了"传统邻里发展模式"。TND 模式认为社区的基本单元是邻里，每一个邻里的规模大约有 5 分钟的步行距离，单个社区的建筑面积应控制在 16 万~ 80 万 m² 的范围内，最佳规模半径为 400m，大部分家庭到邻里

公园的距离都在 3 分钟步行范围之内。[62]

TND 的核心设计策略观念与紧凑城市理念存在相通性，主要体现在：

（1）交通网络的密集。

（2）对于内部交通，该模式主张设置较密的方格网状道路系统，街道不宜过宽，主干道宽度在 10m 左右，标准街道在 7m 左右。较多的道路联结节点和较窄的路宽可有效降低行车速度，从而营造利于行人和自行车的交通环境。

（3）强调社区的紧凑度。

（4）强调土地和基础设施的利用效率，通过适度提高建筑容积率降低开发成本和"浓缩"税源。

3.1.7 小结

通过西方城市规划理论各个时期的形态与密度演变，可看出在不同历史时期的更迭过程中，密度与形态的变化呈现波动性（表 3-1），但在大的发展趋势上来看，理论提及的密度正走向一个人居、生态、交通综合平衡的适宜的区间。

各城市理论设计的城市空间密度一览表　　　　　　　　　　　表 3-1

密度衡量方式	时间	人物 / 理论	密度指标	建筑高度与形态	功能用途
居住人口	1899	霍华德（Howard）	< 75 人 /hm²	低层为主	居住、工业、农业
	1933	柯布西耶（Le Corbusier）	1000 人 /hm²	高层独立建筑	住宅、办公
居住单元	1909	恩温（Unwin）	< 30 户 /hm²	低层	居住、工业
	1934	范艾斯特林（Van Eesteren）	55 ~ 110 户 /hm²	中低层街区	住宅
	1961	雅各布斯（Jacobs）	250 户 /hm²	中低层街区	住宅、办公
	1993	TOD、TND	54 户 /hm²	低层建筑沿街布置	在步行圈内的混合功能（400m）

来源：作者根据相关理论资料整理

3.2 紧凑城市：高密度可持续城市化的核心理论

3.2.1 国外学者对于紧凑城市概念内涵探讨与实践历程

进入 20 世纪中后期，随着西方国家开始面临城市蔓延、城市中心活力衰退、环境恶化等城市问题时，规划学者逐渐意识到紧凑城市不仅仅是对历史城镇紧凑特征的描述，也可以作为改善城市化问题、探索新的城市发展的可行途径之一，从而创造紧凑宜居的居住环境。

1973 年，线性规划之父丹齐格（George B.Dantzig）在新奥尔良会议上发表了关于紧凑城市的演讲中正式提出紧凑城市理念，认为紧凑城市是通过有效利用地上和地下空间及空间的四维尺度来获得更多的使用空间、交通便利和可达性，阐述了采用紧凑城市理念的原因，列举出紧凑城市所具备的 17 个优点，并进一步探讨了通过促进城市垂直空间和时间维度的高效利用，来抵制城市扩张中的低效开发。[63]

20 世纪 90 年代之后，"紧凑城市"被西方国家普遍认为是一种可持续的城市增长形态。

（1）紧凑城市概念及内涵

20 世纪 90 年代以来，国际规划学术领域出现了大量紧凑城市相关的概念和内涵探讨，见表 3-2。

国际学者对于紧凑城市概念及内涵探讨一览表（1990-2012 年）　　　表 3-2

时间	学者	概念及内涵相关领域			
		形态	交通	功能	环境
1991	埃尔金（Elkin）	紧凑	鼓励步行、自行车和高效的公共交通	促进社交	
1995	洛克（Lock）	最大化利用已城市化的用地			
1996	威廉姆斯（Williams）	应使现有城市空间更紧凑高密度地建设	—	鼓励人群生活在城市区域	
1996	威尔逊（Wilson）	建筑密集化		活动密集化	
1996	安德森（Anderson）	单中心和多中心城市均应紧凑	—	—	
1997	尤因（Ewing）	城市空间高密度、土地功能混合	—	职住场所聚集	
1997	戈登和理查德森（Gordon &Richardson）	紧凑是高密度或者单中心的			
1997	布雷赫尼（Breheny）	促进城市再开发、中心城区复兴、较高城市密度	优先发展公共交通、集中在公共交通节点进行城市开发	功能混合的用地布局	保护农田
2000	伯顿（Burton）	相对高密度	高效公共交通体系和鼓励步行、自行车	功能混合	
2001	加尔斯特（Galster）	提高单位面积上土地利用的开发程度来遏制蔓延，将城市未来的增长限制在现有的城市边界中	—	—	

续表

时间	学者	概念及内涵相关领域			
		形态	交通	功能	环境
2005	纽曼（Neuman）	认为"紧凑"与"蔓延"相对	鼓励步行、自行车和高效的公共交通	—	具有较高能源利用效率、较低污染
2010	牛顿（Newton）	—	—	—	具备公共休闲与绿化系统、可持续发展
2012	经济合作与发展组织（OECD）	促进现有城市的用地转化、棕地再利用	—	—	环境保护应对气候变化与促进绿色经济、城市全面集约化发展

紧凑城市理念内涵可主要归纳为四个核心维度：①形态：紧凑、集约、密集且邻近；②功能：混合共享，复合利用土地；③交通：共享高效增强功能空间可达性；④环境：绿色宜居，保障生态绿色空间。

（2）紧凑型城市实践历程

紧凑城市理念已在欧洲各国多个城市深入到具体的政府提案和城市发展政策之中，主要实践历程见表3-3。

西方国家对于面向紧凑的可持续城市化实践历程一览表 表3-3

时间	发起组织	提案或城市发展政策	内涵及建设活动
1990年	欧洲委员会	《城市环境白皮书》	高密度、复合功能
1992年	欧盟	《马斯特里赫特条约》	可持续且不会对环境造成不良影响的成长原则
1993年	英国	《可持续的开发——英国战略》密集化政策；英国规划指导政策（PPG）的系列修订	在国家的城市开发政策层面，运用可持续性和紧凑型城市的理念
1980s	荷兰	阿姆斯特丹城市建成区内的高密度开发建设。进行交通规划和环境发展战略的整合（Vinex计划）Randstad地区紧凑城市实践	步行者专用空间整顿与建设Randstad地区由环状城市带和绿心构成，在紧凑城市政策实施中，先将城市分散引导至有限的城镇内，再在总体上限制城市的分散
1980s	德国、意大利、西班牙	中心市区活性化	对城市中心区的旧街区进行保全修复及整顿建设，建设独具特色的高密度空间
1993—1994	欧盟（可持续城市大会—ESCTC）	《阿尔博格行动纲领》	强调提高密度和混合土地利用模式、绿色城市主义、生态社区、城市中心区步行化、提倡建立城市公交网络

3.2.2 紧凑城市理论与可持续发展关联

（1）关于紧凑城市的可持续性讨论

从城市的可持续性出发，讨论紧凑城市优势，是相关学术探讨的重要组成部分，适度的开发密度、混合的土地利用方式和完善的交通网络，可有效减少私家车的使用和产生相应的交通距离，提高城市内部出行效率，进而减少相应的燃料使用、废弃物排放和环境污染；[64] 紧凑城市通过集中设置的公共设施可持续地综合利用和限定城市边界，节约土地资源；近年来在适应气候变化与温室气体减排中，学者们进一步发现紧凑城市所起的关键作用。[65, 66]

联合国人类住区规划总署研究发现人口密度和大气中温室气体的排放呈负相关关系，城市扩张造成了温室气体排放增加，而发展紧凑城市可以减少交通方面近 1/3 的碳排放量，空间紧凑的城市综合用途开发以及城市废弃地再利用项目也能够避免基础设施的过度建设，从而显著减少温室气体排放（2011）。

近年对于生境破碎化和城市形态的关系研究揭示了城市蔓延对自然生态系统的主要影响之一是导致了野生动物生境的破碎化，沿着道路的城市化以及适度的紧凑城市化是保持生境连通度的最佳方式；[67, 68] 城市的绿地空间有利于增加居民的物质与精神福利，而能够提供这样空间的城市发展模式是促进社会公平性的重要课题。从生态角度来说，紧凑的土地利用与基础设施投资，可以有利于保留城市绿地空间，维持生态系统的大量土地斑块，减少开阔土地的流失并保护郊区开阔绿地和周边农田生态系统，实现对原有土地资源的再利用。[69-71]

始终推行重视环境的城市及地区政策的欧盟，先后发表了《可持续的城市设计》和有关环境政策会议议程（行动计划）的"七个战略课题"（2002）。[72]

此后，欧盟的专家小组经过大量的调查研究工作，发表了题为《以实现可持续性为目标的城市设计》的研究报告，在该报告中，对 1990 年《城市环境绿皮书》发表以来，欧盟推行的紧凑型城市政策进行了总结，对今后的工作提出了意见和建议。该报告书提出，可持续的城市设计的最终目标是力求在现在以及未来的时期，使所有人都能够享受健康、高品质的生活。为此，要通过采用维持公平性和地理上的平衡，促进经济发展的手段，减少对地球和地区环境的影响，对作为报告书主题的紧凑型城市和相关问题，进行逐步详细的探讨。在此，欧盟推行的紧凑型城市战略与世界自然保护基金会（WWF）所倡导的以减少生态足迹为目标的理念的对立与统一成为重要的课题。（生态足迹——将人类所消耗的资源、能源的数量换算成土地面积加以表示的方法。）如果城市化发展、农业面积缩小，则生态足迹就会放大。要实现更小的生态足迹，"短循环周期战略"被认为是行之有效的方法。所谓短循环周期策略，就是在更小的范围内，创造生态学的资源、能源的循环结构。其所设想的城市及地区空间模式同紧凑型城市相反，呈低密度居住区、地区的形象。作为城市环境战略，欧盟正推行的紧凑城市战略与从应对地球环境问题角度考虑的短循环周期战略是对立的。该报告书从不同角度对此问题进行研究和探讨，再次对紧凑城市政策的有效性进行确认，并得出结论：紧凑城市与短循环周期策略的统一是可能的，应该促进两者的结合。作为合并方式形成的城市（圈）模式，在城市的层面上，提倡在城市内进行保全并配置有绿色网格和绿色结构的"绿色的紧凑城市"的建设；在城市圈的层面上，提倡采用"分散式集中（多中心）"的处理手法。

（2）关于紧凑城市和交通的讨论

通过世界主要城市的人口密度与人均汽油消费量的关系，可明晰看出紧凑城市给城市环境带来的成效。[73] 但在交通规划领域，紧凑城市的理念并不完全得到赞同，英国学者陆续发表质疑紧凑城市是否可以削减汽车交通的研究；[74] 加拿大学者里特曼根据大量的学术论文和研究报告，研究土地利用与交通的关系，尤其对与精明增长和新城市主义相关联的土地利用特性对交通的影响等问题进行了总结和归纳，指出土地利用对交通的影响是复杂的，在城市的中心区，郊外以及农村等不同地区，交通状况具有不同的性质，指出如下措施会使得人均汽车交通量趋于减少：城市密度提高、土地利用混合度提高、地区可达性提高、中心性提高、步行道连接性提高、交通多样性提高、公共交通质量和可达性提高等。[75]

（3）紧凑城市的特征和价值研究

纽曼回顾了紧凑城市是否可持续的经验数据，梳理了关于城市蔓延和紧凑城市的争论，归纳出了紧凑城市所具有的 14 个典型特征：①较高的居住和就业密度；②混合的土地利用；③土地利用的精细化（不同用途的土地邻近，相对较小规模的地块）；④强烈的社会和经济互动；⑤整体开发（一些地块或者结构可能是空置的、废弃的，或者包括地面停车场）；⑥明确划定界限的容纳式城市发展；⑦城市基础设施，尤其是供水和排水管道体系；⑧多种方式的交通联运系统；⑨较高的本地和区域可达性；⑩街道的连通度好（内部和外部），包括人行道和自行车道；⑪不透水表面的覆盖率高；⑫高比率的开放空间；⑬单一或密切协调的土地利用规划控制；⑭充足的政府财政能力，满足城市基础设施的需要。[76]

戈登和理查德森从宏观、微观和空间结构角度对紧凑城市理论进行了认识，并讨论了紧凑城市中存在的土地利用、城市密度、能源过剩、交通界限、郊区化和拥堵、紧凑的效率性、技术和对聚集拥堵的权衡、市区衰落、寻租与政策、紧凑与公平及城市中的竞争等多个问题。[77]

伯顿论述了城市紧凑发展与社会公平之间的关系，并从公共空间、步行系统、社会隔离和住房等多方面进行了论证。主张在公交节点调节土地的混合功能，认为紧凑的发展可缓解社会隔离，追求适度的紧凑发展才是城市可持续发展的关键。[78]

（4）有关紧凑城市具体实施的研究

弗兰克、迪勒曼等（1999）从紧凑城市的实现、城市形态和流动视角对荷兰的紧凑城市规划进行了探索，追溯了紧凑城市规划政策的发展历程，并从几个方面对紧凑城市的具体实施进行了归纳，从紧凑城市增长的实现视角，强调在紧凑城市实现过程中各种补贴、土地利用规划和监管控制的作用；从城市形态的视角将紧凑城市规划和城市分散的趋势放置进行比较论述。同时在流动视角中分析人群流动模式的发展变化，并认为这几个方面是紧凑城市政策实现的关键要素。[79]

日本学者海道清作（2007）在《紧凑型城市的规划与设计》中将紧凑城市作为可持续社会下的城市目标形象，就"什么是紧凑型的城市"进行了基本思想梳理。除此之外，海道清作还概括了紧凑城市实施的具体措施，包括制定紧凑城市的构想及规划；中心市区的活性化、再生及城市功能的集约；促进市内居住的发展；对郊区的无序化分散选址的限制；城市建成区开发优先、有效利用现有资源；抑制对汽车交通的过度依赖，大力扶植公共交通；以人为本，实施道路更新改造，建设靠步行交通亦可满足生活需求的城市；对扩张型城市基础设施整顿建设的重新评价；传统的街道景观、建筑物及空间的继承；促进车站周边地区等据点式复合功能的开发；对邻近市区的农业空间和自然环境的保全与利用；采用公众参与及共同合作的方式，进行规划的制定与实施；综合运用多种手段，提高实施的效果。[80]

威斯特林克等（Westerink，etc）（2013）提出紧凑城市已经成为城市周边地区规划的一个领先理念，研究了若干欧洲城市样本地区中的紧凑城市理念在城市规划实践中的运用和一些紧凑城市建设中存在的政策与发展间的抵触表现，通过比较样本地区，了解紧凑城市的理念如何在规划城市周边地区的运用，以及在欧洲不同地区的运用差异，最后，总结了关于平衡协调应用紧凑城市理念的建议，强调要因地制宜，灵活地应用紧凑城市的理念。[81]

西班牙学者胡安布斯盖兹（Joan Busquets）（2005）以城市规划和城市项目建设为基础，收集了巴塞罗那城市不同发展阶段的数据，论述了该城市在紧凑城市建设过程中如何摆脱城市发展遇到的困境，最终实现城市紧凑集约化的发展目标。[82]

紧凑城市学术观点一览表　　　　　　　　　　表3-4

争议领域	支持者	反对者
土地集中利用	比尔·伦道夫（Bill Randolph），2006；威廉姆斯等，2000	纽曼，2005；戈登，1997
	紧凑城市倡导土地集中利用，遏制城市蔓延，有助于解决城市开发对周边土地的压力，特别是原有农地的压力，同时可以有效利用城区内部的荒地和闲置用地	用地集中只会导致城区内公共空间和开敞空间的丧失，同时，会导致城区内土地价格的飙升

续表

争议领域	支持者	反对者
能源和资源节约利用	赫尔曼，2004；纽曼 P.W（Newman P.W），1989	纽曼，2005；戈登 P.，1997；帕特里克，2004
	紧凑城市的高密度和功能混用可以减少人们的出行距离，改变出行模式，同时采用低能耗的居住区模式和住宅形式将有效减少对能源和资源的使用	机动车减少出行与节约能源之间没有非常清晰的关系，能源危机还存在其他深层次的原因；认为即使采用紧凑城市使密度增加可导致能源资源消耗的减少，但由此带来的效益却与城市系统中其他部分或要素所经历的环境恶化抵消干净
城市中心复兴	赫尔曼 2004；迪勒曼，1999；克拉克（Clark.M），2005	纽曼，2005；戈登，1997
	可以通过对城市中心的良好设计和规划达到提升城市活力、塑造城市整体识别性的目的，可以避免城市中心的衰败	分散会使得城市中心破败，但同时他们认为城市扩展等问题需要从宏观角度解决，试图通过紧凑城市来扭转明显的分散化趋势似乎是一个不太可能完成的任务，因为分散是强大的市场力量支配的结果
社会公平	伊丽莎白 Elizabeth.Burton，2001；Tim Heath，2004	纽曼，2005；戈登.1997
	紧凑的城市布局能提供本地化供给的服务和设施，对这些服务的获取有利于整个城区的资源分配更加公正合理，同时可以避免因贫富差距造成的社会空间隔离，有利于促进社会融合	对资源分配公正合理没有异议，但是认为只要贫富差距存在就会不可避免地产生社会隔离，高密度的社区由于房价的原因会使社会隔离进一步恶化
城市交通	纽曼 .P.，1992；Mclaren D.，1992	Paul A.Barter，2001；Peter Steadman，1998 Erling Holden.Ingrid T.，2005
	紧凑城市能给城市交通带来诸多好处，例如减少对机动交通的依赖性、减少交通的路程，有利于发展公共交通、减少尾气排放，保护城市环境	密集的城市导致交通的恶化、出行时间延长等，从而反过来影响空气质量，影响城市效率
城市环境	Jochem Van der Waals.2000 Paul F Downton，2001 Jenks M，2001	帕特里克，2001
	短期来看紧凑城市政策改善城市环境的作用是非常有限的，但是从长期来看，紧凑城市政策还是值得提倡的，根据既有的实施案例来看，建设生态型的紧凑城市也是完全有可能的；另外，通过对发展中国家能源的消耗分析研究，得出如果按照西方的城市发展模式势必增加对环境的负担，而集中紧凑的城市模式可能是可持续的城市发展模式	紧凑城市通过增加居住密度，会导致削弱处理家庭垃圾的能力，降低回收利用的可能性，降低收集或者处理城市地区的降雨并减少流失的能力、恶化空气污染、减少种植树木的可能性等，导致城市环境的进一步恶化

来源：作者根据相关理论资料整理

3.2.3 国内学者对于紧凑城市理论研究综述

（1）有关紧凑城市在中国的适用性研究

关于紧凑城市理论，许多学者结合中国城市发展的特点，在多个视角进行紧凑城市在中国的适用性问题思考，并据此提出了中国式紧凑城市发展的路径，在一定程度上扩展了紧凑城市理论在发展中国家的适应性研究，具有很强的现实意义：

李翅（2006）结合中国城市发展的现状，对新城市主义、精明增长和紧凑城市三种模式进行了比较，认为中国更应该强调紧凑型的城市发展战略，并对土地集约利用的城市空间模式进行了探讨；方创琳（2007）认为中国紧凑城市的建设并不是一味地提高建筑的层数和建筑的密度，而是要根据我国城市人口和土地的实际情况，找到一个在有效节约用地和合理城市功能之间的平衡点。[83]

马奕鸣（2007）认为在我国现阶段，引入紧凑城市的理念指导我国城市设计和城市运营是迫切需要的；程开明等（2007）指出城市的紧凑程度与经济、环境和社会的可持续发展有着密切的联系，并强调我国必须要走紧凑城市的发展道路；于立（2007）总结了紧凑型城市在西方发达国家城市产生的原因，认为 TOD 模式是紧凑城市与公共交通衔接的主要方式，并从中国目前城市发展的特点出发进行论述分析，认为中国适合建设分散式紧凑型城市的模式。[85-87]

宋为（2007）研究了紧凑城镇在我国的适用性，并从宏观和微观层次上提出了紧凑城镇规划的方法；耿宏兵（2008）对紧凑城市主张的高密度与拥挤之间的关系进行了辨识，探索了紧凑但不拥挤的方法，指出城市发展要重视对小环境的整治和建立良好的城市结构，主张从区域层面出发，在环境承载能力的范围内构建紧凑的城市和地域；目斌等（2008）针对我国城市无序蔓延和各种城市问题频发的现象，指出紧凑城市对我国城市化发展有着重要的借鉴意义；郭胜等（2008）对新城镇紧凑规划布局进行了探索，认为紧凑城市是完善我国城市规划理论的重要思想，也是我国中小型城市转型的必然方向；陈海燕等（2006）通过对中国多个特大城市的统计数据进行分析，肯定了紧凑城市在中国的适用性，主张将紧凑城市的理论应用到城市规划方面，并针对城市化进程中的进城人口提出要合理地融入到现有的城市空间、社会和经济环境中，而不是在郊区和开辟新城进行安置。[88-92]

徐新等（2010）编著了《紧凑城市：宜居、多样和可持续的城市发展》一书，其中结合国外紧凑城市建设对中国城市，尤其对上海的紧凑城市建设进行了探索；马丽（2011）结合中国城市发展的特点，探讨了紧凑城市发展在中国的可行性和现实意义，区分了我国与西方国家紧凑城市建设的特性与差异，强调我国建设紧凑城市的重要目标在于对城市要素进行合理有序的空间布局和空间组织；姜小蕾（2016）对紧凑城市理论及其在城市规划中的应用进行了研究，并指出紧凑城市是解决我国当前城市发展问题的有效对策；杨永春（2011）将紧凑城市的形态紧凑度和人口或建筑密度、土地开发强度进行不同的组合，形成了高密度紧凑城市和低密度紧凑城市的区分，并指出我国的紧凑城市建设应该要突出高密度；孙根彦（2012）总结得出紧凑城市是实现城市可持续发展的一种空间策略，并指出了紧凑城市在我国建设的必要性。[93-97]

（2）有关紧凑城市评估指标体系的研究

中国学者在对紧凑城市内涵和定义理解的基础上，不断地探索城市紧凑度的评估指标体系，如陈海燕（2006）将人口密度作为城市紧凑度的主要指标来理解紧凑城市的紧凑度；方创琳等（2007）从空间尺度、城市形态和政策层面分析了紧凑城市的主要特征，汇总了紧凑城市争论的要点，并进行了最后的融合，提出了涵盖规模、密度、均衡分布的尺度和集聚尺度的四维紧凑指标评价体系；马丽等（2011）在辨析了中国所需要的紧凑城市内涵的基础上，从形态紧凑、效率较好和结构良好三个维度理解城市紧凑度评估指标体系；杨永春（2011）辨析了紧凑城市在中西方国家不同城市发展阶段的具体含义，并客观地提出了适合中国国情和城市发展特点的紧凑城市发展模式；李琳（2012）从"紧凑"的内涵出发，对不同研究视角的紧凑度量与评价方法进行了分类述评，并有效地界定了紧凑度的概念本质，并在解读"紧凑"内涵的基础上探索"紧凑"的度量与评价，构建了紧凑度的概念及指标体系。[83, 89, 94, 96, 98]

（3）有关紧凑城市中土地利用方面的研究

对国内紧凑城市的研究中，土地利用问题研究占一定比例，学者研究并论证了土地在紧凑城市中的重要性及对紧凑城市中所蕴含的土地利用理念、形态、原则和方法等内容进行了探索，如马鹏（2004）指出土地利用是影响紧凑城市布局的重要因素，紧凑城市关键在于凸显土地的集约化利用；李翅（2006）对土地集约利用的城市空间模式进行了探讨；宋为（2007）认为土地集约使用是紧凑城市的核心理念；陈秉钊（2008）认为紧凑城市实现的关键是土地资源的节约和集约；洪敏等（2010）则剖析了紧凑型城市的土地利用理念，认为其包括土地高强度利用、土地功能适度混合、与交通混合的土地利用方式和分散集中的土地利用形态；孙根彦（2012）认为紧凑城市的理念中包含着集约化的土地利用要求，并能够实现社会、生态环境的融合，从而对城市的控制和发展进行引导，而高密度的城市土地开发利用是紧凑城市的重要特征；吴正红（2012）认为紧凑城市理论中蕴含着丰富的土地利用理念原则和思想，包括高密度、功能混合、TOD 导向、注重生态环境、关注社会公平和倡导人性化的土地利用理念。[84, 99-103]

3.2.4 紧凑型城市理论对中国高密度城市街区建设的意义

（1）土地利用效率的提升

西方学者对某些城市进行了人口增长和土地开发量之间关系的调查，结果证明不少城市出现了土地开发量增多但人口密度降低、城市扩大，因而造成市中心区空洞化、资源浪费或新开发区服务设施不齐全等现象，认为土地无序蔓延是罪魁祸首，应加以制止。

随着我国现代化进程的推进，城市居住面积逐渐扩张，总体居住密度也呈现下降的趋势。民众拥有私家车后，对地理空间的选择权更大，引发了郊区化现象。根据中国城市规划设计研究院对 36 个城市的分析，居住用地占总用地的 25% ~ 35%，平均高出国家标准（20% ~ 32%）近 5 个百分点。为避免重蹈西方国家的覆辙，建设紧凑城市，提高整体土地利用效率，有重要战略意义。

（2）生态环境的改善

落后的生产技术和对经济发展的巨大渴望，使得发展中国家的许多城市政府在权衡经济增长与生态破坏时，往往选择前者；而水、空气的质量已经低于适宜生存的底线。中国已经开始实施"世界上最严厉"的《土地法》，然而经济增长的现实"主题"与可持续发展的"理想目标"并非一部法律就可以实现有效统一的。

西方国家采用"紧凑发展""精明增长""增长管理"等理念，在发展中国家目前遵循的发展道路上，还缺乏基本的运用空间。城市向"人口高密度"和"建筑高层化"方向发展是一种不可逆的倾向。在高密度城市建设背景下，城市建设迫切需要了解高密度城市可能发生的环境问题及其解决办法，如"热舒适"、气流、日照、噪声、建筑垃圾、消防、热岛效应及绿色植被、可再生能源的使用、公共空间等，另外，还需要进一步了解高密度城市生活的社会问题及其解决办法，如开放空间与归属感，公共空间活力、阶层分布、生态资源分布、社区发展等。

（3）建立可持续发展模式

紧凑城市理论要求严格限制城市规模向郊区的扩散和蔓延，主张在城市内部解决来自城市的问题，通过土地功能的混合利用，提高城市用地的使用率，从而降低对于城市周边耕地的蚕食，减少城市对自然环境的破坏。并通过这种限制城市规模无限扩大的方式，让城市形态更为紧凑，减少了私人小汽车的使用，缓解能源和环境紧张的局面，从而有助于实现城市的可持续发展。

过去几十年，随着城市研究学者对于可持续发展的持续关注，已研究出许多实现可持续发展的城市模式，紧凑城市模式是辩论和应用中更受欢迎的范式之一。对于中国和大多数亚洲城市而言，紧凑型城市模式之所以受到越来越多的关注，是因为这些高密度城市，人口稠密且分布集中，土地资源和基础设施受到极大限制。基于紧凑城市理论的高密度城市研究，并不是仅仅探索一种高密度开发的可能性，也不是单纯提倡追求极限高密度，塑造一个高楼林立、密不透气的城市，从而降低城市街区的生态舒适性、减少绿化和公共开放空间。事实上恰恰相反，高密度建成区的生态舒适性是紧凑城市不可或缺的要素，而且必须包含在紧凑城市的发展目标中。随着中国城市化进程的深入和环境保护意识的提高，粗犷的城乡发展模式面临转型：紧凑型、生态型城市建设的相关课题获得了越来越多的关注，从城市设计理论研究的角度，需要进入一个多维度、多视角、多价值评判体系的复合研究进程，来进一步推动该领域研究的发展。

综上所述，对于中国和发展中国家的城市而言，在既定的高密度城市环境和沉重的人口、经济、资源压力背景下，紧凑城市所倡导的理念有助于实现城市可持续发展。

3.3 建筑理论史中的高密度城市范式探索

20世纪最后10年至21世纪初，在全球人口的增长和城市化水平快速提高的背景下，面向日益凸显的土地资源紧张的现状，基于高密度城市的未来城市与乌托邦城市的设想逐渐涌现，其探索背后的隐藏形式和意义对于今天探索高密度城市设计和建筑学发展仍存在启发性。基于高密度的未来城市构想和建筑学领域的探索主要集中在1910—1930年、1950—1970年、2000年之后，分为以下几个方向。

3.3.1 从摩天楼到巨构建筑

对于城市多基面的创造意识萌生，城市垂直立体空间系统的创造，将城市结构和形态都置于立体高密度状态，旨在补偿高密度城市环境紧张的地面空间。

代表性的观点和实践有诸如斯塔雷特（Theodore Starrett）在"100层大厦"（100 story building）的构想中垂直叠加了工业、办公、住宅、酒店、市场、剧院、休闲公

图 3-6 Visonary city 理念示意图

来源：http://www.ridleymcintyre.com/william-robins

园等几乎能罗列到的所有城市主要功能，他称之为城市中的"城市"，一座能够容纳城市文化、商业和工业行为的巨大结构。1908 年，摩西·金（Moses King）在《金视角的纽约》（*King's Views of New York*）一书中描述了对于"未来主义都市"的畅想，"明日的世界大都会，关于疯狂的世界中心的一个奇异想法，是将地表间和空中的各种建设无止境地堆砌，那时，1908 年的奇观会被大大超越，1000 英尺的结构将成为现实，使得我们需要层叠的人行道、高架的交通线和新发明，以补益地铁和地上汽车，需要在高耸的结构间架起桥梁……"绘制了一幅垂直立体的纽约都市景象。

1908，威廉姆·莱斯提出的"Visonary city"（梦幻城市）通过空中连桥和不同水平标高的城市基面来呈现未来主义城市（图 3-6）。

3.3.2 整体都市主义

（1）从城市构成的基本要素——建筑和街道角度切入，反思建筑物与交通系统和街道空间的关系重构。

1910 年尤金·赫纳德（Eugene Henard）所提出的垂直都市主义理念，寻求地下空间的开拓，虽与美国的未来主义都市向空中发展的方式不同，但在立体维度寻求空间发展的理念是相同的，对于欧洲的城市规划和发展曾产生深远影响。1914 年，未来主

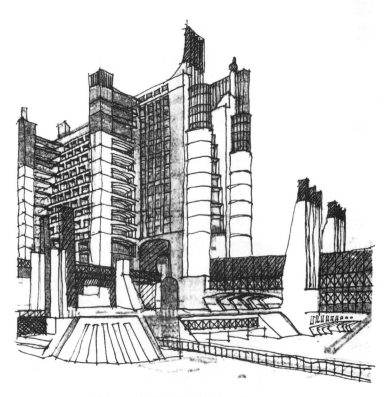

图 3-7 未来主义城市（La citta nuova）

来源：http://web.stanford.edu/~kimth/www-mit/mas110/paper1/

义建筑师安东尼奥尼·圣埃里亚（Antonio Sant'Elia）所构想的未来建筑与城市犹如一架巨大而运转灵活的机器。建筑物如同一个巨型的集成电路，由片状的墙、斜向的扶壁组成。外露的电梯沿着建筑物的立面向上攀缘。林立的高层建筑通过桥梁连接在了一起，而在它们之下，紧邻着的是一条深渊般的街道。街道叠加多层深入地下，容纳川流不息的汽车、火车行驶（图 3-7）。圣埃里亚的预见并不仅仅在于提出未来主义建筑的新的美学解释，而是在于发现现代城市中人们生活与工作方式的改变，以及接受这种改变的城市与建筑的新组织结构和新形式。

1916 年，马特·图科（Giacomo Matte-Trucco）设计的菲亚特灵格托汽车工厂（FIAT Lingotto），意义在于颠覆了传统地面二维向度限制的概念，将传统地面从平面向度转向连续、延伸、扩展的三维立体的地面，也是最早将屋面提升为次级地面系统的建筑。

图 3-8 菲亚特灵格托汽车工厂鸟瞰图
来源：http://keywordsuggest.org/gallery/1498188.html

（2）多样性的混合共生

创造充满活力的高密度城市环境，颠覆性地将城市划分为居住、工作、娱乐和交通等 4 个孤立的功能分区的规划观念推翻。

勒·柯布西耶在光辉城市的设计中，在不同立体层面上将步行系统和机动车系统分开，这也是柯布建立三维立体交通系统的首次设计尝试。在里约热内卢城（Coniche）设计了延伸方案（1929），新城方案延伸约 6km，离地面 100m 高，在路面下累叠了15 层用作居住的"次级基面"。1930 年，阿尔及尔市奥勃斯规划（Plan Obus Algiers），进一步发展了巨构飞檐的思想，将一条高速公路沿海湾扩展，下设 6 层基面，上面设置 12 层基面，每层均拥有一定的高度，用以满足建筑多功能空间的布置。

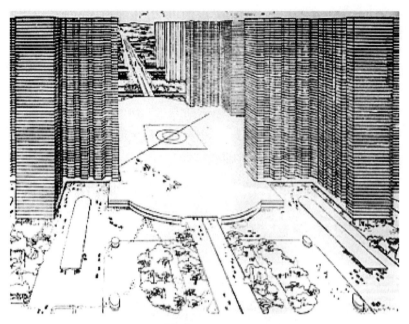

图 3-9　光辉城市复合交通系统示意图
来源：作者自绘

　　1929 年，雷蒙德·胡德（Raymond Hood）提出了"同一屋檐下的城市"（City under a Single Roof）的理念，这种趋势是加强城市中的组团联系，将人群活动设置在特定的范围之内，这样人群无须跨越更远的街道距离获取所需，他所提出的建筑是整合了 3 个垂直分区的空间和功能，在底层（即第一个 10 层）提供商业和娱乐，之上的层面是产业，在最高的楼层则是产业人口的居住（见图 3-10）。

　　在实践领域，1931—1940 年雷蒙德·胡德（Raymond M. Hood）设计的洛克菲勒中心（Rockefeller Center, New York），则是首座已经具有现代意义的体现杂交与共生策略的真实建造的综合体。私人领域与公共领域完美地结合，而且多样性的功能混杂创造了充满活力的高密度城市环境。

　　阿方索·雷迪（Affonso Reidy）1952 年设计的 Pedregulho 居住邻里，利用悬浮的空中街道结合住宅，形成了一座线形的垂直村庄，将第三层的空中平台开放，形成具有传统特征的街道并作为公共空间。意大利建筑史学家 L. 本奈沃洛评价道"此处，建筑物、公共设施和外部空间的处理，都以极高超的技巧获得了相互间的平衡。"如何建立城市公共空间与建筑公共空间的连通与交互，在高密度的建成环境中是非常需要得到重视的（见图 3-11）。

　　1952 年，勒·柯布西耶完成的马赛公寓中的（Unite d'Habitation Marseille）"人居单元"充分体现"垂直都市主义""混合与共生""多样性原则""地面空间的公共化和开放化""次级地面"等策略（见图 3-12）。

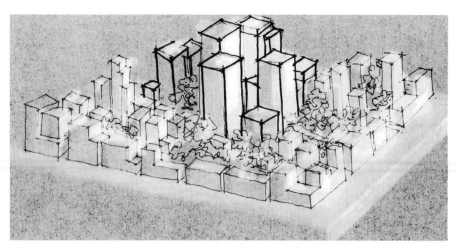

图 3-10　City under a single roof 理念示意图

来源：作者自绘

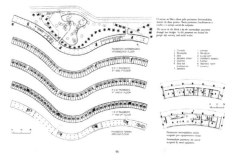

图 3-11　Pedregulho 居住邻里单元示意图

来源：https://www.archdaily.com.br/br/01-12832/classicos-da-arquitetura-conjunto-residencial-prefeito-mendes-de-moraes-

pedregulho-affonso-eduardo-reidy

图 3-12　马赛公寓实景照片及设计草图

来源：作者自绘

1958 年，华尔特·琼斯（Walt Jones）提出的"Itrapolis"，意图以 212m 宽，100m 高的簇群单元建筑的形式，打造一个约 10 万平方米居住体的集合。每个簇群单元包含约 700 套公寓，居住人口 2000 人，平均高 39 层（见图 3-13）。

设计主要的理念在于如何在占地最小的情况下，探索最大程度的太阳能利用，建筑里面都是可调节的太阳能板。商业、办公和公共服务设施布置在底层，上部留给带花园的居住单元，但是从景观朝向来看，只能提供内侧的景观角度。单元的人口密度约为纽约城市人口密度的 3 倍。

图 3-13 "Itrapolis"簇群式居住单元示意图

来源：作者自绘

3.3.3 空间城市与空中城市

1958 年，约纳·弗莱德曼（Yona Friedman）提出的"空间城市"，讨论了一种悬浮建筑空间的空中复制策略，在现有已使用城市空间之上实现"空中空间利用"，由空中三维空间框架网格巨型结构的建立，来实现城市密度的增加，并为使用者提供可变的弹性空间（见图 3-14）。

1960 年，矶崎新提出的空中城市（City in the Air）主要思想是在已有的城市上空建造一座架空的新城，并使新旧城市之间能够达到共生（见图 3-15）。

二者的共通之处，是对既有城市建筑空间的再利用与城市更新策略，在空中实现高密度的进一步累积。在实践层面，矶崎新 1962 年的"空中聚落"设计方案中，利用垂直交接式柱芯体为公共交通提供路径，而同时从支柱放射出挑的枝干承载像树叶一样的居住单元，并相互缠绕连接成空中网络。矶崎新"空中聚落"概念来自自然界中

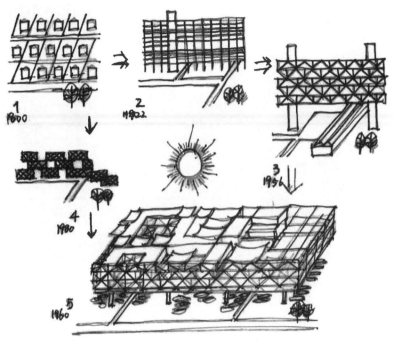

图3-14 空间城市理念示意图
来源：作者自绘

图3-15 空中城市（City in the air）理念示意图
来源：作者自绘

树的生态特征和原理，树干根生在大地上并占据很少的地面空间，而树冠却可以在空中提供大量的空间并获得阳光和空气。

1966年，新加坡建筑组织SPUR对于城市更新提出了"明日亚洲城市"（Asia city of tomorrow）概念，提出任何人都可以享受城市的感觉，并将真正的城市感阐释为"拥挤"，通过将城市多元活动：商业空间、政府办公、教育设施、剧院和公共空间进行链接，最大限度地实现城市空间的近邻感（见图3-16）。

图 3-16　明日亚洲城市（*Asia city of tomorrow*）

来源：作者自绘

3.3.4　标准预制单元——交织堆叠

1963—1968 年，莫瑟·萨夫迪（Moshe Safdie）进行了一系列关于三维堆叠的形式探索，其中包括对于"三维模度建筑系统"和"城市居住案例"的探索，其原型设计是一个包含 22 层商业服务设施和文化设施的社区，并有一个独立的 10 层高的综合建筑体，包括 950 个基础的居住单元。在这些居住单元之中，置入了多层复合的空中步行街道系统，在 1967 年，在纽约所做的 Habitat NYC（见图 3-17），提供了一个功能更为多元复合的三维堆叠系统，整合了商业、零售、办公、居住等多元功能。

图 3-17　莫瑟·萨夫迪的堆叠居住单元示意图（一）

来源：http：//lesarchitectures.com/2015/10/28/moshe-safdie-or-designing-through-the-century/

图 3-17 莫瑟·萨夫迪的堆叠居住单元示意图（二）
来源：http：//lesarchitectures.com/2015/10/28/moshe-safdie-or-designing-through-the-century/

保罗·鲁道夫（Paul Rudolph）1967 年设计的图像艺术中心（Graphic Arts Center）同样呈现出巨型的堆叠单元形态，将提供 4050 个预交织的居住单元，并沿着高架系统展开，提供复合的居住、医疗、办公、商业中心（图 3-18）。1970 年，理查德·博弗（Richard Bofill）所设计的 City in Space Walden7，也呈现出基于标准单元模数，进行堆叠交织组织的模式，并给予整体弹性的发展空间，同时对水平交通和垂直交通进行整合。设计通过 16 层的 1100 个模数为 5.3m×5.3m×2.5m 的标准单元组织，每个家庭可选择 1~3 个单元进行自由组合，单元组织之间的空隙用作空中公共活动区，形成高密度的空中住区（见图 3-19）。

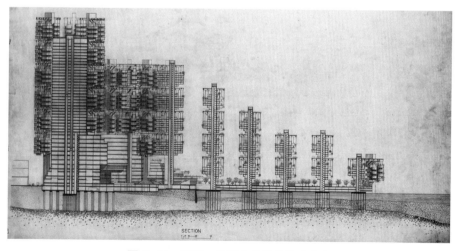

图 3-18 保罗·鲁道夫的图像艺术中心
来源：https://images.squarespace-cdn.com/content/v1/5a75ee0949fc2bc37b3ffb97/1559007412494-
HAORIVDHX30KZASKQXIL/1967.01-01.01.0004.jpg

图 3-19　理查德·博弗的 City in Space Walden7

来源：http://www.city-in-space.com/locations/presentation.asp?ID=29&lng=en

3.3.5　批判和后现代城市

韦伯在 1964 年和 1968 年分别发表了两篇有影响的论文《都市场所与非场所的都市领域》(*The Urban Place and the Nonplace Urban Realm*)和《后城市时代》(*The Post-City Age*)。通过对城市进行分析，把城市定义为大众交流的交换机房，申明城市的质量在于它支持各种各样的信息，而不在于建筑物的设计组织。其中物质密度的重要性让位于信息和交流的强度，场所让位于非场所。社会生活与城市空间形式脱离开，高密度的意义成为信息交互的频密，完全进入另一领域的讨论范畴，空间仿佛成了多余的概念。

文丘里和斯科特·布朗提倡用交流代替空间，用交流主宰空间的建筑观。他们认为建筑的基本机制和表现手段是装饰的体系，因此建筑也是一种交流的系统。在《向拉斯韦加斯学习》中他们声称今天与建筑学相关的进步来自当代电子技术。摩尔和他们一样，也声称场所是由电子信息决定的。

在 1960 年代和 1970 年代初，欧洲年轻一代建筑师对于建筑学城市和当代文化的观点也大量地建立在技术幻想和信息系统的驱动上。例如普莱斯(Cedric Price)、阿基格拉姆、超级工作室(Super Studio)、建筑视窗(Archizoom)，日本的新陈代谢派，以及奥地利的先锋派 Haus-Ruder-Co、汉斯·霍莱恩和蓝天组这样一些 20 世纪 60—70 年代的先锋派建筑师，作品都建立在关于电子时代的城市构想之上。

城市在他们的方案中像一个巨大的信息系统，像一台计算机，可以交流、漂浮或行走，这一方向的先驱者是 20 世纪 20、30 年代的建筑师如富勒和先锋派。富勒设想过一种飞行单元式的建筑，可以布置在地球上的任何地方，再通过电子通信系统联系起来。苏联的先锋派建筑师莱奥尼多夫 20 世纪 30 年代也提出过一个分散城市方案，各部分由大型广播发射装置相互联系。

3.3.6 3D 城市结构和城市密度的极限探索

1970 年，通过探索曼哈顿立体空间的发展潜能，保罗·鲁道夫提出"演进城市"的新形式，提供一种交通节点和单一交通的广泛的地下停车，多功能的建筑将构成一种高层配套，支撑一个空中的花园城市，为市政和休闲综合功能提供一个高空的步行系统（见图 3-20）。

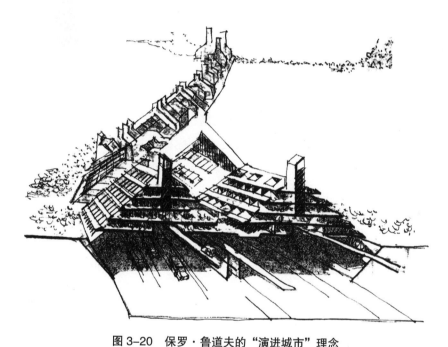

图 3-20 保罗·鲁道夫的"演进城市"理念
来源：*Megastructure—Urban Future of the recent past* Reyner Banham

1970 年，保罗·索拉里提出了"山体高地"的理念，这个项目最初的模型是 5000 个居住单位，融合居住、零售、办公、娱乐和服务，各种功能都放入相同的结构，每个单元都自给自足，提升能源保护和人群互动，形成创造性的环境，占地 $15hm^2$ 的土地盖满 25 层高的建筑。

20 世纪 70 至 90 年代日本发展了都市再生运动，新的都市视野呈现了三维都市主义的需求。东京建设在大都市空间的更深处创造不可预知的地下空间，这种地理政治计划目标在于建构山中巨大的空洞，在 50m 深处或更深的层面，每一层都集成不同的功能。

2005 年，MVRDV 工作室出版的著作《KM3》中，从全球的角度提出：当今世界急需空间，对于未来城市与建筑的设计使得 MVRDV 工作室的研究和分析似乎充满了"极限"（Extreme）化乌托邦的意味。

MVRDV 认为密度是城市的第三维度。城市功能性和经济性需求使城市高密度成为必要：（1）中心城区的密集，能给城市游客和使用者带来更低的成本；（2）高密度开发能带来土地经济价值的提高；（3）高密度意味着城市生活的集中，更能满足城市法规对城市亲和力、吸引力等各个方面的要求；（4）提高城市密度不仅仅是简单地提高楼板面积比率，它也包含了将城市的功能系统、社会系统和经济系统进行叠加和集中。

MVRDV 通过针对城市密度和空间优化利用进行大量深入的研究，从 1997 年的元城市 / 数据城镇（Metacity/Datatown）、1998 年的（容积率）最大化（Farmax）、2000年的计算机软件系统："功能混合"（Function Mixer）和"区域创造"（Region Maker）及以西班牙和葡萄牙海岸为对象的教学研究个案"Costa Iberica"，到自 1995 年开始的与荷兰贝尔拉格学院合作的研究项目数字景观（Datascape）、三维城市（3DCity）、宇宙城市（Universal City）、卫星城市（Satellite City）等课题，MVRDV 关注人口不断增长、资源逐渐匮乏条件下的城市的未来，将人口数量、资源、气候、能源、收入、人口流动、宗教、政治等均作为影响参数，进行城市密度的极限探索，提倡以密集、优化的方式进行城市建设。

3.3.7 小结

通过对规划史与建筑史中关于高密度城市形态的思辨和实践的回顾，反思高密度城市的人地、环境矛盾的缓解方式、发展方式和设计原则，可归纳出几个宏观的高密度城市思考方向：

第一种是用新城和郊区的低密度进行人口疏解，创造更有吸引力的人居环境来缓解大城市高密度区域的压力，创建彻底的分散的城市，诸如田园城市和广亩城市的思想；

第二种是彻底推倒现有的城市发展格局和体系，在整体城市规划结构上进行高密度城市格局的创建，诸如柯布西耶的光辉城市，建立颠覆传统城市尺度的集中发展模式；

第三种是带有能源和生态环境考量的可持续发展理论，紧凑城市是在"集中派"规划思想的基础上，融合可持续发展思想的理论，相关联的理念诸如生态城市，不同于田园城市的彻底分散，生态城市的理念基础是基于紧凑集中理念的，提倡建设更为集中的、小规模的城市和城镇，建立邻里紧密联系，减少出行；对于高密度的城市，植入生态和绿色系统的考虑，主旨是减少人居环境对自然和能源的影响与消耗。

第四种是从高密度建筑学的角度来进一步支持和促成高密度甚至超高密度城市空间的创建，在土地高密度开发中寻求建筑学发展的思路和方法，其演进方向从垂直发展的摩天楼建筑群，发展到建立建筑与城市环境结合的巨构建筑，再到把建筑个体创造成为整体性都市、混合高密度都市单元，植入公共交通、能源和市政体系的巨形空间结构体，可以看出整体向空中高密度立体复合、集聚发展的建筑形体组合趋势。从高密度城市的建筑语言构成来看，底层公共活动基面的提升、街道混合功能区域向空中转置、向高空及地下空间的扩展，标准化单元的叠加等均为典型的空间语汇。

从建筑和城市发展关系论的角度来看，在高密度城市领域的思考和探索中，建筑学理论实践应与城市理论实践更贴近，摩天楼、巨构建筑和高密度的整体性都市单元是高密度城市设计策略的基本实践单元和重要探索方向。

第4章 | 高密度城市街区形态类型研究

4.1 高密度城市街区的形态密度研究架构

高密度城市街区的形态研究，可分为空间结构、形态肌理、空间密度、建筑实体形态四个要素，每个要素可以建立定性研究和定量研究两类研究，本研究主要建立以下研究架构（见表4-1）。

高密度街区的形态研究架构表　　　　　　　　　　　　　　　　　表 4-1

高密度街区的形态研究架构		
空间形态要素	描述 / 测度	
1. 空间结构	定性研究	结构类别
	定量研究	街区的街道角度、尺度
2. 形态肌理	定性研究	建筑形体组合类型
	定量研究	容积率、覆盖率
3. 空间密度	定性研究	形态类别
	定量研究	密度相关指标
4. 建筑实体形态	定性研究	疏密度、围合度、起伏度、紧凑度
	定量研究	基于强度、密度、高度的空间分布、高度起伏度指标、紧凑度相关指标

以上海中心城区为例，本研究选取30个随机分布的街区样本进行高密度城市街区的形态结构定量与定性研究，以阐释高密度城市街区的不同形态密度类型（见图4-1）。

图 4-1　研究样本空间分布示意图

来源：作者自绘

4.2　形态取样研究

研究样本形态主要通过 GOOGLE MAP API 开放图形信息的提取，通过 AutoCAD 和 ArcGIS 的综合绘制图形和三维模型，建立基础数据库，并进行与形态相关的数据提取和进一步的分析。（见表 4-2）

样本街区空间形态一览表　　　　　　　　　　　　　　　　　　　表 4-2

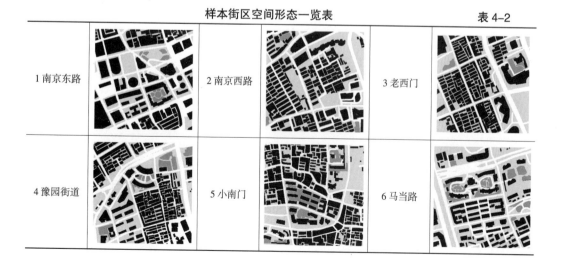

7 淮海中路	8 常熟路	9 西藏中路
10 嘉善路	11 鲁班路	12 大木桥路
13 肇嘉浜路	14 漕溪北路	15 长清路
16 华山路	17 江苏路	18 静安寺
19 武宁路	20 武定路	21 长寿路
22 镇坪路	23 中兴路	24 通州路
25 东长治路	26 浦明路	27 源深路

续表

28 世纪大道 	29 蓝村路 	30 东方路 

4.3 样本街区的形态研究

4.3.1 街区空间结构研究

（1）定性研究：街区空间结构类型

关于街区结构的形态类型研究，西方城市形态学者进行过大量的探讨，其中经典的类型学分类方式主要有：

1）昂温（Unwin，1920）曾将城市形态划分为：不规则和规则两种类型，其中规则形态又分为：直线形、圆形、对角线形、放射线形；

2）莫霍伊·纳吉（Moholy Nagy，1968）将其分为：地形的、同心的、正交连接的、正交模块的、组团式的；

3）林奇（Lynch，1981）将其分为：星形（放射形）、卫星形、线形、矩形格网、巴洛克轴线网格、花边式、内敛式、巢状、想象形式（巨构式、气泡式、漂浮式、地下、海底、外太空）；

4）佐藤（Satoh，1998）将其分为：变形的格网、放射状、马背状、漩涡状、特有结构；

5）弗雷（Frey，1999）将其分为：核心城市、星形城市、卫星城市、星系状、线形、多中心多网络。

英国学者史蒂芬·马歇尔（Stephen Marshall）在《街道与形态》一书中，对街道形态的类型进行了系统梳理，基于不同的研究维度和目的，将其进行了几何、结构、形态的分类，具体见表4-3。

本论文对于街区形态的类型研究，主要从城市设计的研究维度出发，基于既有样本提取，进行形态类型归纳和整理，按基本结构初步可归为：矩形网格、毛细状、放射状三类，对于街区角度的统计，以建筑主要朝向角度为准，统一以正南北向为原始角度基准：（见表4-4）

城市街区网格系统类型　　　　表 4-3

城市设计相关	交通网络相关
基于艺术原则的城市设计： 1. 矩形 2. 放射形 3. 三角形及不规则形	交通规划和工程：1. 棋盘格形 2. 线形 3. 放射形

续表

城市设计相关	交通网络相关
城镇与乡村规划：1. 棋盘格形 2. 六边形 3. 放射形 4. 蜘蛛网形	交通技术和网络结构：1. 脊椎形或树形 2. 格网网络形 3. 德尔塔网络
场地规划：1. 格网 2. 放射形 3. 线形	交通运输网络分析：1. 轨迹 2. 树形 3. 环状
城市形态：1. 轴线网格 2. 毛细状 3. 肾形 4. 同心放射形 5. 矩形格网	交通工程和管理：1. 格网形 2. 支流形
AIA 导则：1. 曲线形 2. 对角形 3. 非连续形 4. 有机形 5. 正交形	

（来源：《街道与形态》Stephen Marshall）

城市街区网格系统类型一览表

矩形网格形（含变形矩形网格形）			表 4-4a
街区名称	1 人民广场	2 南京西路	3 老西门
网格及街区角度	南偏东 30°	南偏东 21°	南偏东 25°
街区形态			
街区名称	4 豫园	5 小南门	6 马当路
网格及街区角度	南偏东 15°	南偏东 10°	南偏东 18°
街区形态			
街区名称	7 淮海中路	9 西藏南路	12 大木桥路
网格及街区角度	南偏东 13°	南偏东 22°	南偏东 27°
街区形态			

续表

街区名称	13 肇嘉浜路	21 长寿路	25 国际客运中心
网格及街区角度	南偏东 16°	南偏东 47°	南偏东 47°
街区形态			
街区名称	28 世纪大道	23 中兴路	
网格及街区角度	南偏东 18°	南偏东 12°	
街区形态			

毛细状（含单元杂交复杂形） 表 4-4b

街区名称	8 常熟路	10 嘉善路	11 鲁班路
网格及街区角度	南偏东 18°	南偏东 12°	南偏东 16°
街区形态			
街区名称	14 漕溪北路	15 长清路	17 江苏路
网格及街区角度	南偏东 26°	南偏东 16°	南偏东 18°
街区形态			

续表

街区名称	18 静安寺	19 武宁路	20 武定路
网格及街区角度	南偏东 26°	南偏东 16°	南偏东 35°
街区形态			
街区名称	22 镇坪路	26 浦明路	27 源深体育中心
网格及街区角度	南偏东 34°	南偏东 27°	南偏东 24°
街区形态			
街区名称	29 蓝村路	30 东方路	
网格及街区角度	0°	南偏东 28°	
街区形态			

放射形　　　　　　　　　　　　　　　　表 4-4c

街区名称	16 交通大学	24 通州路	
网格及街区角度	南偏东 27°	南偏东 48°	
街区形态			

（来源：作者根据样本信息自绘）

　　基于现有样本，通过类型的归纳与统计，可初步得出类型分布情况，指标样本主要集中在两类：14 个样本为矩形网格形（含变形矩形网格形），14 个样本为毛细形（含单元杂交复杂形），另外，有 2 个样本为放射形。

（2）定量研究：街区尺度研究

根据样本数据统计归纳，街区形态网格边长的尺寸主要分布在如下区间（见图 4-2、图 4-3）：

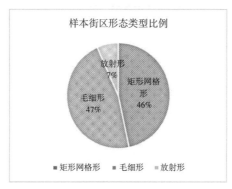

图 4-2 样本街区形态类型占比示意图
来源：作者根据统计数据自绘

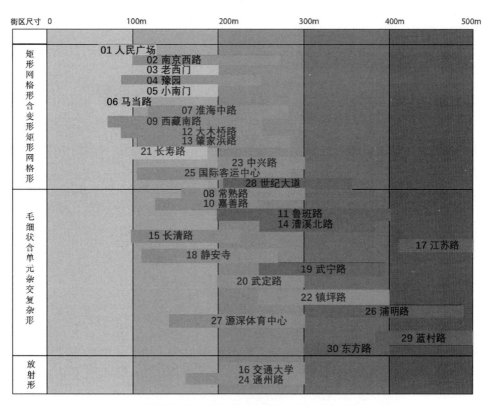

图 4-3 不同街区形态类别的街区样本形态网格尺度分布图
来源：作者根据统计数据自绘

矩形网格形（含变形矩形网格形）和放射形的街区样本多分布在 0 ~ 200m，200 ~ 300m 两个区间内，毛细形（含单元杂交复杂形）的街区样本尺度则较前两类更大，多分布在 100 ~ 300m、300 ~ 500m 的区间内，其中 300 ~ 500m 的区间内样本占至 2/3。

由此，根据统计数据，基于街区的结构和尺度特征，可初步将样本街区按形态结构类型和形态网格尺度归纳为以下 7 个类别：

1）矩形网格形小型街区（0 ~ 200m）：

1—人民广场、3—老西门、5—小南门、6—马当路、21—长寿路。

2）矩形网格形中型街区（200 ~ 300m）：

2—南京西路、4—豫园、7—淮海中路、9—西藏南路、12—大木桥路、13—肇嘉浜路、23—中兴路、25—国际客运中心

3）矩形网格形大型街区（300 ~ 400m）：

28—世纪大道

4）毛细形路网中型街区（100 ~ 300m）：

8—常熟路、10—嘉善路、15—长清路、18—静安寺、20—武定路、27—源深体育中心

5）毛细形路网大型街区（200 ~ 400m）：

11—鲁班路、14—漕溪北路、19—武宁路、22—镇坪路

6）毛细形路网超大型街区（300 ~ 500m）：

17—江苏路、26—浦明路、29—蓝村路、30—东方路

7）放射形路网中型街区（100 ~ 300m）：

16—交通大学、24—通州路

4.3.2 街区形态肌理研究

（1）定性研究：街区建筑形体组合类型

通过对样本街区的建筑形体组合单元提取，通过观察法分类归纳，提取较为典型的建筑形体组合类型四种：①低层密集组合单元；②多层行列式组合单元；③高层点式组合单元；④高层围合式组合单元。

城市街区建筑形体组合类型一览表　　　　　　　　表 4-5

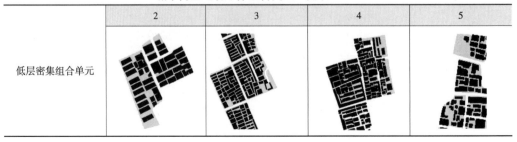

	2	3	4	5
低层密集组合单元				

续表

	16	20	21	25
低层密集组合单元				
	4	**5**	**6**	**8**
多层行列式组合单元				
	11	**12**	**15**	**17**
	22	**23**	**25**	**27**
	28	**29**	**30**	
	6	**9**	**11**	**12**
高层点式组合单元				

续表

	16	19	20	22
高层点式组合单元				

	1	5	10	11
高层围合式组合单元				
	12	19	24	25

来源：作者根据样本信息自绘

（2）定量研究

通过对样本的覆盖率和绿地及公共开敞空间数据对比：低层密集组合单元的建筑密度（覆盖率）最高，分布在58%～76%，绿地和公共开敞空间面积较低，分布在0～5%之间，高层点式组合单元和高层围合式组合单元的建筑密度（覆盖率）最低，分布在25%～39%，绿地和公共开敞空间面积占比最高。

4.3.3　街区空间密度研究

（1）密度相关指标研究

密度（Density）一直是可持续城市化的热点话题，一方面，它是可持续城市化的着力点，能显著降低人均资源消耗量，能耗的减少量与开发密度的增大成正比。更重要的是，提高密度使得本地乃至全球获益；但从另一方面来说，人们对高密度却又很敌视，本地居民对在原有居住环境下提高密度的做法往往有抵触情绪，认为这将影响他们的生活质量。事实上，与依赖汽车的低密度住区相比，高密度住区在拥有广泛物资和服务供应的同时又可以减少人均出行里程。

密度的测量方法包含多种类型：1944年英国卫生部发布的报告建议在计算商业建筑或其他非住宅类型的公共建筑时，率先使用容积率——楼面空间指数（Floor Space Index—FSI）作为建筑密度的量度方法。

1948年在苏伊士举行的国际会议上，确立建筑容积率（FSI）作为欧洲统一量度建筑密度的公共标准。1949年，荷兰采用了相当于上述容积率的反向系数作为量度建筑密度的方法——用地指数（Land index），用地指数将总建筑面积作为分母而将总用地面积作为分子。

登普西（Dempsey）等（2010）认为，密度指标包括总密度、总居住密度、净密度和净居住密度。伯顿（2002）认为，密度指标应包含每公顷城市用地的人数、每公顷建成区的人数、城市内部的密度差异等。富歇（Fouchier）（2004）以"每公顷城市用地的总人口和就业岗位"来衡量密度。在城市开发实践中，通常使用容积率来衡量城市的密度。从紧凑城市的角度来看，城市土地上的人口密度（即就业密度、其他城市活动的密度）和城市的用地利用效率关系紧密。除了城市的平均密度，密度的空间分布（即城市中哪部分的密度更高）也很重要。

如果单纯利用在城市规划中使用的人口密度，则不能描绘出城市的空间形象，规定城市空间形象需要运用建筑高度、容积率、建筑密度等指标。在欧美，在开发规划中，通常使用户数密度或者室数密度。因为要根据住宅供给政策进行开发限制，就需要明确户数或者同住宅水准相关联的实数。在日本，虽然人口密度也是规划、设计常用的指标，但是户数密度不经常使用。

城市密度与城市形态之间具有紧密的联系，在相同容积率情况下，不同的街区随着建筑形体和组合方式等因素的变化，产生不同的城市形态，即高密度城市的密度空间分配方式差异产生不同的城市形态。

在图4-4中，200m×200m的地块中分布了140个居住单元，有3种不同的分布方式和建筑类型。虽然每幅图中居住单元的数量是一样的，其密度（如何集约运用土地）和邻近性（建筑的空间距离）则大相径庭。左图是半独立式别墅，占地面积大（即低密度）。中图是公寓，占地面积小（高密度）。右图的建筑类型与中图一样，但其建筑分布更加接近（建筑之间的距离更短），故右图这种分布比其他两种建筑和分布格局更加紧凑。

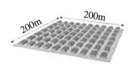

图4-4 对于密度与紧凑度的图释

来源：Laruelle.N，"Draft sketches illustrating density vs compacity"，Paris

密度定量研究重点关注的 3 个部分：

1. 人口密度研究，明确街区样本人口密度门槛指标以及人口密度分布区间；

2. 街区建设密度相关参数研究，统计分析街区样本基本参数及分布区间；

3. 基于 "SPACEMATRIX" 方法的多指标空间矩阵研究，根据空间矩阵的指标关联研究，进行类别统计分析。

（2）人口密度研究

目前，由于高密度城市环境定量指标的研究缺乏统一标准，城市研究领域内常用的用于表征城市（物理）的密度指标可分为两类：人口密度和建筑密度。选取国内外部分城市人口密度进行对比，可以发现，不同国家、地区的人口密度差异较大，且人口密度呈现不同程度的层级划分现象：超大城市高密度城区人口密度峰值分布在 $15000 \sim 50000$ 人 $/km^2$。

世界超大城市人口密度一览表   表 4-6

城市	分区	人口密度（人 $/km^2$）	统计时间
纽约	曼哈顿	28166	2011
伦敦	威斯敏斯特	11784	2010
巴黎	市区	20164	2008
东京	中央区	11852	2012
香港	观塘	55204	2011

来源：http://www.un.org/esa/population

本论文根据相关高密度城市人口门槛标准研究，以 > 15000 人 $/km^2$ 作为高密度城市门槛指标，以 > 25000 人 $/km^2$ 人口密度作为超高密度城市门槛指标。

MVRDV 工作室在 *FARMAX* 一书中直接将密度（density）定义为人均占有的空间量。可见人口密度是密度衡量中一个主要的参数。在本研究中，人口密度主要作为高密度城市街区的样本界定数值，首先从研究样本街区的人口普查（本文依据第六次全国人口普查数据）街道社区统计资料入手，进行人口密度构成的统计和分析，从总体来看，所有样本人口密度值均超出高密度城市 15000 人 $/km^2$ 的门槛指标。

从样本街区的人口密度数据分布区间来看：其中人口密度位于 $15000 \sim 25000$ 人 $/km^2$ 的街区样本案例共 10 个，位于 $25000 \sim 35000$ 人 $/km^2$ 的街区样本案例共 12 个，位于 $35000 \sim 45000$ 人 $/km^2$ 的街区样本案例共 8 个；从分类来看，100% 的样本街区人口密度均为高密度城市街区，其中 33% 的样本街区可定义为高密度城市街区，剩余 67% 的样本街区，按 > 25000 人 $/km^2$ 的门槛指标，可归入超高密度城市街区。

从样本街区的总体指标数据来看，样本街区人口密度与街区建设强度（容积率）

并未形成一一对应的关系，也可以说现状街区的建设开发强度并未与人口密度（基于人口密度的空间需求或空间指标）达成匹配。

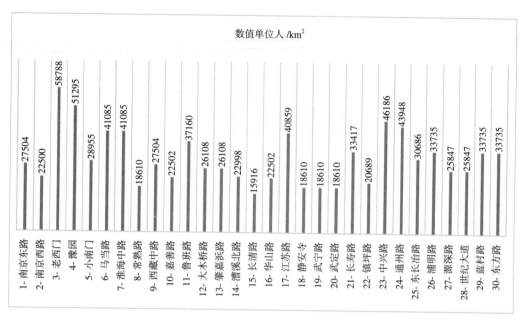

图 4-5　样本街区人口密度分布图

来源：作者根据统计数据自绘

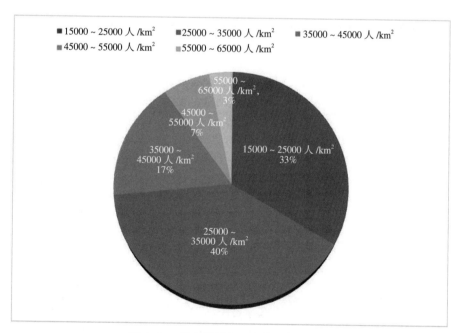

图 4-6　样本街区人口密度分布比例图

来源：作者根据统计数据自绘

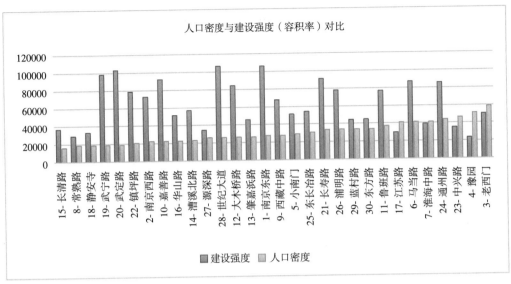

图 4-7　样本街区人口密度与建设强度（容积率）对比一览表

来源：作者根据统计数据自绘

参照我国《城市用地分类与规划建设用地标准》GB 50137-2011，上海属于Ⅲ类气候区，规划人均居住用地面积 23 ~ 36m²，规划人均公共管理与公共服务用地面积不应小于 5.5m²/ 人，规划人均交通设施用地面积不应小于 12.0m²/ 人，规划人均绿地面积不应小于 10.0m²/ 人，其中人均公园绿地面积不应小于 8.0m²/ 人。

按此指标折算规划建设用地开发强度，结合样本街区的指标进行梳理，得出建设用地的强度指标统计对比的情况如下：

样本街区人口密度区间内规划建设强度与实证建设强度对比　　　　　表 4-7

街区人口密度区间	规划建设用地开发强度范围		样本街区实证开发强度范围	
	数值区间下限	数值区间上限	数值区间下限	数值区间上限
15000 ~ 25000 人 /km²	0.4275	1.0375	1.1521	4.124
25000 ~ 35000 人 /km²	1.0375	1.4525	1.3705	4.2636
35000 ~ 45000 人 /km²	1.4525	1.8675	1.185	3.4767
45000 ~ 55000 人 /km²	1.8675	2.2825	0.933	1.4019
55000 ~ 65000 人 /km²	2.2825	2.6975	2.0081	2.0081

来源：作者根据样本信息自绘

通过指标数据对比分析，可以看出既有的样本街区人口密度与街区建设强度（容积率）的关系：

1）在人口密度 15000～45000 人 /km² 的范围内，城市建设用地开发强度部分区域已经远远超出规划指标的上限。

2）在人口密度 45000～65000 人 /km² 区间区域内，开发强度反而较低，并未达到与人口密度相匹配的规划建设用地空间开发强度。

针对以上现象，究其内因，笔者认为，上海中心城区人口稠密区域人口引力较高，而城市更新与再开发建设进程尚未与人口密度相匹配，从紧凑城市理论的视角来看，填入式开发的规模也并未达到与人口密度相匹配的程度。

4.3.4　街区密度相关参数研究

（1）根据信息数据进行密度参数指标统计整理，衡量一个区域内的实体建筑密度通常采用以下几种评价标准：容积率、建筑覆盖率、开敞空间率、建筑平均层数等。

容积率（总建筑面积 / 用地面积），用于表征开发强度建筑群形态。

建筑覆盖率（开放开发强度上的投影面积 / 用地面积），用于表征建筑底层面积或建筑在基地的密集程度。

开敞空间率（基地面积 – 建筑底层面积 / 用地面积），用于表征开放空间的占比，与建筑覆盖率呈反比关系。

建筑平均层数（总建筑面积 / 建筑底层面积），用于表征建筑高度密集程度。

（2）考虑到本研究的样本街区 500m×500m 范围，包含较为复杂的市政道路、大型公共设施等信息，本研究对于容积率、密度指标进行了两类统计：

街区毛容积率 / 毛密度，这三项指标的计算中，用地面积包含了市政道路和大型公共设施用地，可以在一个偏中观尺度的城市研究视角，探索街区建成区空间与包含全部功能的城市总体空间之间的比例关系；

街区净容积率 / 净密度，用地面积仅包含街道分界（即规划用地红线）以内的用地面积，可以在一个偏微观尺度的街区内部视角，表征街区内部建设密与疏的程度，揭示建筑物之间和建筑物与非建成空间之间的相互关系。

（3）通过样本街区的分地块图形统计和赋值分类，可得出各取样街区密度基本参数的数值和分布区间：

容积率（街区总密度）

样本街区的总密度主要分布在 3 个区段：0～1.5（占 23%），1.5～3（占 37%），3～4.5（占 40%），密集区段在 1.5～3 和 3～4.5 这两个区段，大于 1.5 高密度街区的占绝对多数，达 77%。

净容积率的指标范围分布在 1.2～5.3 之间，密集区段在 3～4.7 之间。

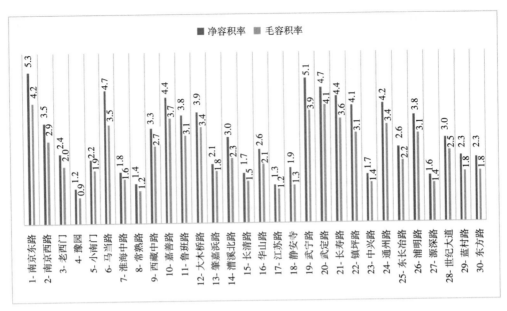

图 4-8　样本街区总密度（容积率）数值
来源：作者根据统计数据自绘

建筑覆盖率（建筑密度）

街区样本的建筑毛覆盖率主要分布在如下范围：15%～25%（占 20%）、25%～35%（占 50%）、35%～45%（占 23%）、45%～55%（2 个，占 6%），样本分布较为密集的区段在 25%～35%，大于 35% 的样本占到 29%。净覆盖率指标的分布范围在 23%～55% 之间。

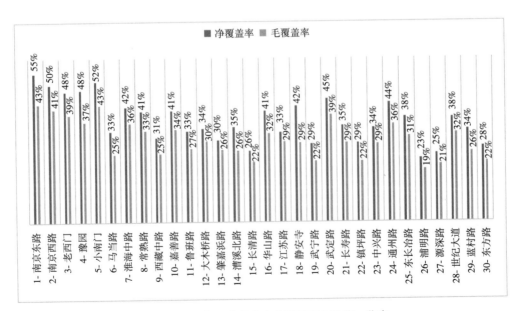

图 4-9　样本街区建筑密度（覆盖率）数值一览表
来源：作者根据统计数据自绘

开敞空间率

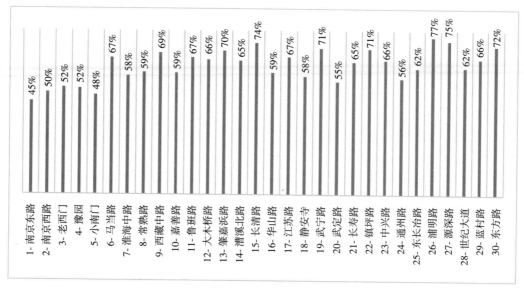

图4-10 样本街区建筑开敞空间率数值一览表

来源：作者根据统计数据自绘

街区样本的开敞空间与建筑净覆盖率成反比，指标分布的密集区段在65%～75%之间。

建筑平均层数

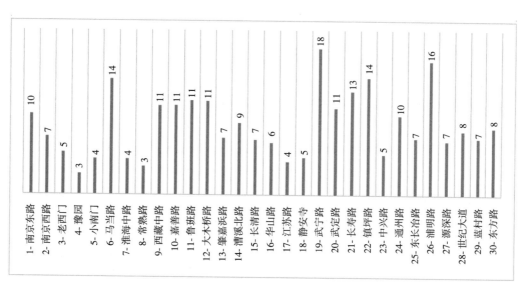

图4-11 样本街区建筑平均层数一览表

来源：作者根据统计数据自绘

样本街区的建筑平均层数主要集中分布在如下区间：6~9层（占60%），10~13层（占26%），大于13层的样本共计占13%。

上海与世界大城市建筑密度控制指标（非住宅建筑）对比　　　　表4-8

城市	区域类型	净容积率	净覆盖率
上海	多层、高层	1.2~5.3	28%~55%
纽约	多层	5.0~10.0	—
纽约	高层	4.0~15.0	—
香港	多层	5.0~7.4	60%~90%
香港	高层	8.0~15.0	60%~90%
东京	多层、高层	2.0~13.0	80%

注：上海城市数据根据作者统计自绘，部分城市建筑密度控制指标分布
来源：《高密度城市中心区规划设计》，陈天、王峤、臧天宇，2017

从研究样本街区的密度相关指标分布来看，上海均低于纽约、香港、东京的高密度城市的密度控制指标。

4.3.5　基于"SPACEMATRIX"的多指标矩阵研究

"SPACEMATRIX"是荷兰学者梅塔·贝格豪森·蓬（Meta Berghauser Pont）应用于综合评价建筑密度与城市形态的方法，除了常规的建筑密度、容积率和绿化率这些关键指数之外，还提出了其他基本密度指数的研究，这些全面的科学指数对空间量的分布分析有重要意义，通过对原有的建筑密度指标进行新的计量，从而可以同时反映空间中的状况，并产生了3个基本指数和相关衍生的指标。

其中，3个基本指数为：

（1）网络结构密度 Network Density（N）：表征场地中的空间网络的构成状况，定义为每平方米基底面积的网络长度（m/m^2），是整个场地外围网络结构的一半与内部网格结构的综合长度的和除以场地面积的商。网络结构密度值主要由一定区域内的结构长度和土地面积决定。结构长度总和越长，网络结构密度越高；反之，土地面积越大，网络结构密度越弱。

网络结构密度（N）=（内部网络长度+1/2外部网络长度）/场地面积

（2）建筑强度 Building Intensy（FSI）：表征场地中建筑空间量的多少，空间的使用强度，定义为每平方米建筑实体的面积（m^2/m^2），该值与建筑容积率计算方法相同。

建筑强度（FSI）=总建筑面积/场地面积

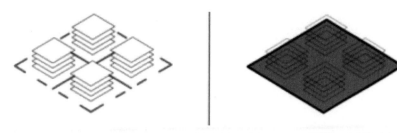

图 4-12 网络结构密度示意图
来源 Space，Density and Urbanform：94

图 4-13 建筑强度示意图
来源 Space，Density and Urbanform：95

（3）建筑覆盖率 Building Intensy（FSI）：表示建造区域的占比情况，定义建造区域面积与基地面积之比（m^2/m^2）

建筑覆盖率（FSI）＝首层建筑面积 / 场地面积

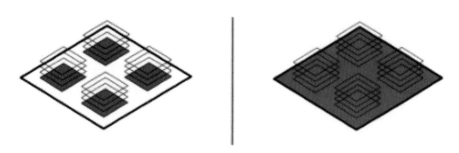

图 4-14 建筑覆盖率示意图
来源 Space，Density and Urbanform：95

除了这三个基本指数之外，还衍生出一系列更加细致的指标，有助于描述城市的属性和探索城市形态与建筑密度的潜力，相关衍生的密度指标有：

（4）建筑高度 Building height（L）

楼层（或层）的平均数目，可通过确定的建筑强度或者建筑密度达到。如果保持建筑高度不变，增加建筑强度或者建筑密度，另外一个必然需要增大。如果建筑高度可变，则可以在改变一个指标的情况下保证另外一个不变。建筑高度 = 建筑强度 / 建筑密度。

（5）空地率 Spaciousness（OSR）

相对于建筑密度，表示场地内的非建筑区域的状况，可以计算场地中居民可以使用的室外空间。空地率 =（1 – 建筑密度）/ 建筑强度。空地率是指在一定区域内，没有建造的可使用空地面积所占比率与容积率之间的关系。如果建筑密度不变，那么增大容积率势必对空地的使用情况带来影响。

（6）可达度 Tare

由一定区域内的连接各个建筑场地之间的交通面积总和以及土地面积组成，交通面积总和所占比率越高，可达性也越高。

（7）网格和轮廓尺度 Mesh and Profile Width

主要进一步描述和分析前面的网络结构密度，可以计算推理出建筑与建筑之间、街道与街道之间的紧密程度和可达性等。

常规的城市及建筑指标量化研究都是通过对一个地块进行数据取样分析可以得到相关密度指数，然后可以通过数据建立三维的图表。但对于容积率、建筑密度和绿化率等指标往往是各自独立分析的，梅塔·贝格豪森·蓬教授提出的"SPACEMATRIX"研究图表，"空间矩阵"这个定义概念是通过把与容积率、密度等相关的技术经济指标统一起来对空间的密度及形态状况进行量化表达。可以同时对容积率、建筑覆盖率和网络结构密度的情况一起做出反映。

该研究方式避免了使用单项建筑密度指标描述建筑和城市环境密度状态的局限性，通过 4 项指标有效地区分不同城市形态与城市环境的密度状况，同时直观地给出不同建筑密度指标所限定的建筑与城市形态特征。通过已经获得的四项建筑密度指标可以评价并确定与其相关的城市形态和环境密度的状态。

在图 4-15 中，模型中的 Z 轴表示容积率的数值，X 轴则表示覆盖率的数值，两者综合反映了土地的使用强度。

梅塔·贝格豪森·蓬教授通过对欧洲城市案例的指标和形态观察，将案例分为以下几类：

（1）低层街区：A 点状—低层；B 街道式—低层；C 混合式 / 街区式—低层；D 街区式—低层

（2）中层街区：E 街道式，中层；F 混合街道式 / 街区式—中层；G 街区式—中层；

（3）高层街区：H 混合点式 / 街道式—高层。

借鉴"空间矩阵"的研究模型，本研究将街区样本中密度相关的参数放入空间矩阵研究表予以赋值，可见样本分布情况如图 4-16（考虑到样本街区的尺度，用地面积内包含了大量市政道路和大型公共设施用地信息，本研究暂按偏中观尺度的城市研究视角进行研究指标分布）：

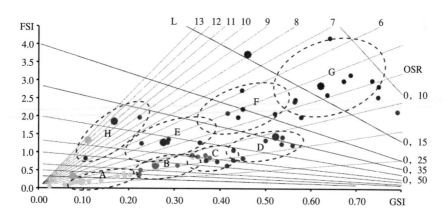

A point type，low rise 点状—低层

B street type，low rise 街道式—低层

C hybrid street/block type，low rise 混合式 / 街区式—低层

D block type，low rise 街区式—低层

E street type，mid rise 街道式—中层

F hybrid street/block type，mid rise 混合街道式 / 街区式—中层

G block type，mid rise 街区式—中层

H hybrid point/street type，high rise 混合点式 / 街道式—高层

图4-15 空间矩阵研究图

来源：Meta Berghauser Pont，Space Density and Urban Form

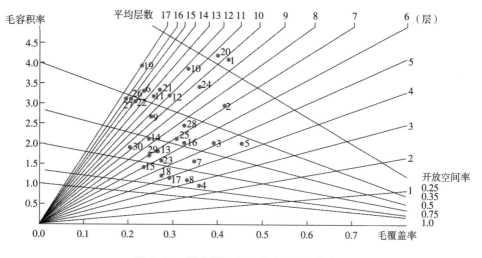

图4-16 样本街区指标的空间矩阵分布

来源：作者根据统计数据自绘

4.4 基于密度相关参数的形态类型研究

通过借鉴"空间矩阵"的研究模型，按平均层数指标划分分为：低层（＜3层）、中层（3~7层）、高层（＞7层），按覆盖率指标划分为：低密度（＜0.25）、中密度

（0.25～0.35）、高密度（0.35～0.45）、超高密度（＞0.45）。可将样本街区基本划分为如下类别：

4.4.1 低层街区（平均层数小于3）

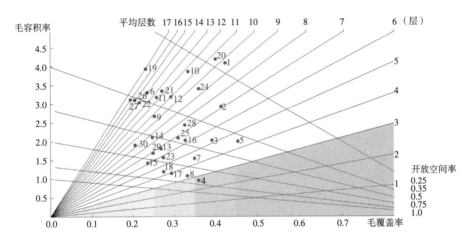

图4-17 低层街区指标的空间矩阵分布

低层高密度街区指标与形态	表4-9

	4- 豫园
空间形态	
建筑类型	大量密集低层建筑、老城聚居区
毛容积率	0.9
净容积率	1.2
毛覆盖率	37%
净覆盖率	48%
平均层数	3

来源：作者根据统计数据自绘

4.4.2 多层街区（平均层数为3～7）

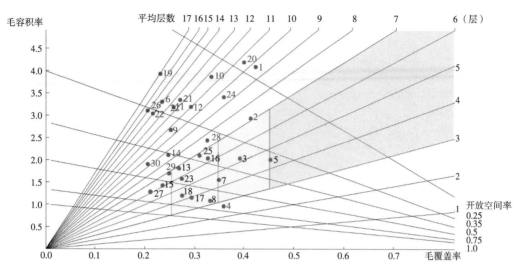

图4-18 多层街区指标的空间矩阵分布

来源：作者根据统计数据自绘

（1）多层低密度街区

多层低密度街区指标与形态　　　　　　　　　　　　表4-10

街区名称	27 - 源深路
空间形态	
建筑类型	大量多层条式建筑、局部分布高层点式建筑
毛容积率	1.4
净容积率	1.6
毛覆盖率	21%
净覆盖率	26%
平均层数	7

街区名称	15 - 长清路
空间形态	
建筑类型	大量中层条式建筑、局部分布高层点式建筑
毛容积率	1.5
净容积率	1.2
毛覆盖率	22%
净覆盖率	48%
平均层数	7
街区名称	29 - 蓝村路
空间形态	
建筑类型	大量中层条式建筑、局部分布高层点式、围合建筑
毛容积率	1.8
净容积率	1.2
毛覆盖率	26%
净覆盖率	48%
平均层数	7

（2）多层中密度街区

多层中密度街区指标与形态　　　　　　表 4-11

街区名称	13- 肇嘉浜路
空间形态	
建筑类型	大量中层、高层点式建筑、局部多层建筑
毛容积率	1.8
净容积率	2.1
毛覆盖率	26%
净覆盖率	30%
平均层数	7
街区名称	23- 中兴路
空间形态	
建筑类型	大量中层条式建筑、局部分布高层点式建筑
毛容积率	1.4
净容积率	1.7
毛覆盖率	29%
净覆盖率	34%
平均层数	5

续表

街区名称	17- 江苏路	
空间形态		
建筑类型	大量多层建筑、局部中层、高层点式建筑	
毛容积率	1.2	
净容积率	1.3	
毛覆盖率	29%	
净覆盖率	33%	
平均层数	7	
街区名称	18- 静安寺	
空间形态		
建筑类型	大量中层条式建筑、局部分布高层点式建筑	
毛容积率	1.4	
净容积率	1.7	
毛覆盖率	29%	
净覆盖率	34%	
平均层数	5	

街区名称	8- 常熟路
空间形态	
建筑类型	大量多层建筑、局部中层、高层点式建筑
毛容积率	1.2
净容积率	1.4
毛覆盖率	33%
净覆盖率	41%
平均层数	4
街区名称	16- 华山路
空间形态	
建筑类型	大量低层、中层条式建筑、局部分布高层点式建筑
毛容积率	2.1
净容积率	2.6
毛覆盖率	32%
净覆盖率	30%
平均层数	6

街区名称	25- 东长治路
空间形态	
建筑类型	大量低层、中层条式建筑、局部高层点式建筑
毛容积率	2.2
净容积率	2.6
毛覆盖率	31%
净覆盖率	38%
平均层数	7

（3）多层高密度街区

多层高密度街区指标与形态　　　　　　　　表 4-12

街区名称	3- 老西门
空间形态	
建筑类型	大量低层点式建筑、局部高层点式建筑
毛容积率	2.0
净容积率	2.4
毛覆盖率	39%
净覆盖率	48%
平均层数	5

续表

街区名称	5- 小南门
空间形态	
建筑类型	大量低层点式、中层条形建筑、局部高层点式建筑
毛容积率	2.0
净容积率	2.2
毛覆盖率	47%
净覆盖率	52%
平均层数	4
街区名称	7- 淮海中路
空间形态	
建筑类型	大量低层点式、条式建筑、局部高层点式、围合式建筑
毛容积率	1.6
净容积率	1.8
毛覆盖率	36%
净覆盖率	42%
平均层数	4

4.4.3 高层街区（平均层数＞7）

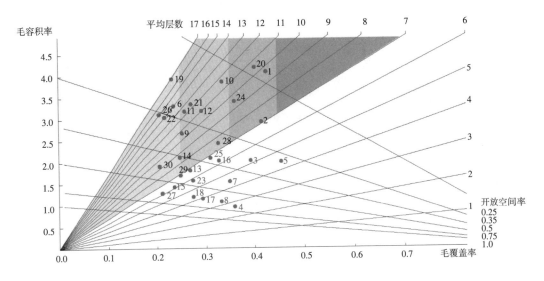

图4-19　高层街区指标的空间矩阵分布

来源：作者根据统计数据自绘

（1）高层低密度街区

高层低密度街区指标与形态　　　　　　　　　　　　　　　　　表4-13

街区名称	30-东方路	
空间形态		
建筑类型	大量中、高层条式建筑	
毛容积率	1.8	
净容积率	2.3	
毛覆盖率	22%	
净覆盖率	28%	
平均层数	8	

续表

街区名称	22- 镇坪路
空间形态	
建筑类型	大量高层点式建筑、局部多层建筑
毛容积率	3.1
净容积率	4.1
毛覆盖率	22%
净覆盖率	29%
平均层数	14
街区名称	26- 浦明路
空间形态	
建筑类型	大量高层条式、围合式建筑、局部分布低层条式建筑
毛容积率	3.1
净容积率	3.8
毛覆盖率	19%
净覆盖率	23%
平均层数	16

街区名称	6- 马当路	
空间形态		
建筑类型	大量高层条式、围合式建筑、局部分布低层条式建筑	
毛容积率	3.5	
净容积率	4.7	
毛覆盖率	25%	
净覆盖率	33%	
平均层数	19	
街区名称	19- 武宁路	
空间形态		
建筑类型	大量高层条式、围合式建筑、局部分布低层条式建筑	
毛容积率	3.9	
净容积率	5.1	
毛覆盖率	22%	
净覆盖率	29%	
平均层数	18	

（2）高层中密度街区

高层中密度街区指标与形态　　　　　　　　　　　　表 4-14

街区名称	29- 蓝村路
空间形态	
建筑类型	少量高层条式、围合式建筑、大量多低层条式建筑
毛容积率	1.8
净容积率	2.3
毛覆盖率	26%
净覆盖率	34%
平均层数	7
街区名称	14- 漕溪北路
空间形态	
建筑类型	局部高层条式、点式建筑、大量多低层条式建筑
毛容积率	2.3
净容积率	3.0
毛覆盖率	26%
净覆盖率	35%
平均层数	9

续表

街区名称	9- 西藏中路
空间形态	
建筑类型	局部高层条式、点式建筑、大量多低层条式建筑
毛容积率	2.7
净容积率	3.3
毛覆盖率	25%
净覆盖率	31%
平均层数	11
街区名称	28- 世纪大道
空间形态	
建筑类型	局部高层条式、点式建筑、大量低层条式建筑
毛容积率	2.5
净容积率	4.3
毛覆盖率	32%
净覆盖率	38%
平均层数	8

街区名称	11- 鲁班路	
空间形态		
建筑类型	高层条式、点式建筑和低层条式建筑均布	
毛容积率	3.1	
净容积率	3.8	
毛覆盖率	33%	
净覆盖率	27%	
平均层数	11	
街区名称	12- 大木桥路	
空间形态		
建筑类型	高层条式、点式建筑和低层条式建筑均布	
毛容积率	3.4	
净容积率	3.9	
毛覆盖率	30%	
净覆盖率	34%	
平均层数	11	

街区名称	21-长寿路
空间形态	
建筑类型	高层条式、点式建筑和低层条式建筑均布
毛容积率	4.4
净容积率	3.6
毛覆盖率	29%
净覆盖率	35%
平均层数	13
街区名称	10-嘉善路
空间形态	
建筑类型	高层条式、点式建筑和低层条式建筑均布
毛容积率	3.7
净容积率	4.4
毛覆盖率	34%
净覆盖率	41%
平均层数	11

（3）高层高密度街区

高层高密度街区指标与形态

表4-15

街区名称	2-南京西路	
空间形态		
建筑类型	少量高层条式、围合式建筑、大量多低层条式建筑	
毛容积率	2.9	
净容积率	3.5	
毛覆盖率	41%	
净覆盖率	50%	
平均层数	7	
街区名称	24-通州路	
空间形态		
建筑类型	局部高层条式、点式建筑、大量多低层条式建筑	
毛容积率	3.4	
净容积率	4.2	
毛覆盖率	36%	
净覆盖率	44%	
平均层数	10	

续表

街区名称	1-南京东路
空间形态	
建筑类型	局部高层条式、点式建筑、大量多低层条式建筑
毛容积率	4.2
净容积率	5.3
毛覆盖率	43%
净覆盖率	55%
平均层数	10
街区名称	20-武定路
空间形态	
建筑类型	局部高层条式、点式建筑、大量低层条式建筑
毛容积率	4.1
净容积率	4.7
毛覆盖率	39%
净覆盖率	45%
平均层数	11

4.5 建筑实体分布研究

建筑实体空间形态分布量化研究分为以下四方面：

（1）疏密度研究，主要基于街区建筑密度进行空间分布研究；

（2）起伏度研究，主要基于街区建筑高度进行空间分布研究；

（3）围合度研究，可用"界面密度"来衡量；

（4）紧凑度研究，从形态紧凑度 BCI、网络密度、空间紧凑度三个数值维度进行分类分析。

4.5.1 建筑疏密度研究

基于各单体建筑的密度，在 ArgGIS 软件平台进行分析，可获得相应的空间形态分布云图，分析的主旨是研究密度在空间维度的分布。

基于强度的空间分布分析主要采用 GIS 平台的建筑面赋值分类进行分析，将建筑转为面要素，按其总建设强度（总建筑面积）进行分级，在每个街区样本中，可以形成高、中、低三个强度分区：

基于街区建设强度（总建筑面积）的建筑实体分布　　　　　表 4-16

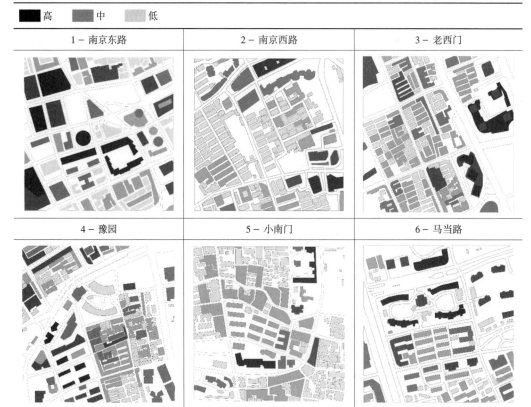

续表

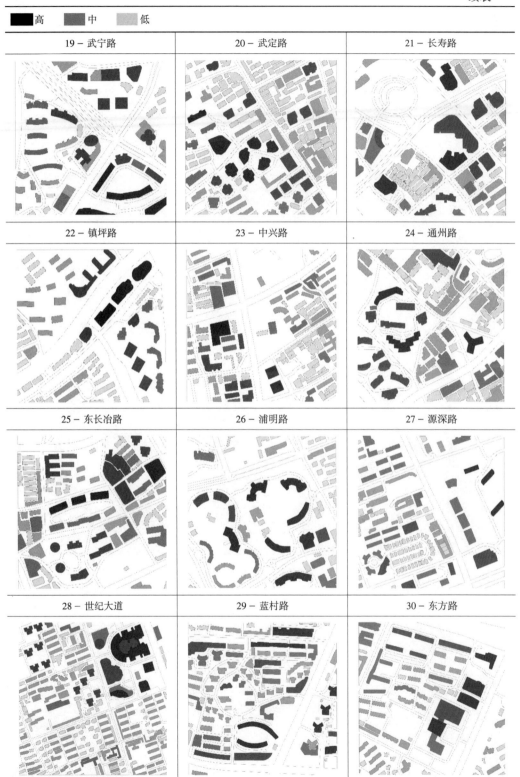

来源：作者根据样本信息自绘

　　基于密度的空间分布分析，主要采用 GIS 平台的核密度分析手段，将建筑转为点要素，按其疏密关系，采用距离法进行空间分析，在每个街区样本中，可以形成高、中、低三个疏密分区：

基于街区建设密度（覆盖率）的建筑实体分布　　　　　表 4–17

图例：■ 覆盖率高　　■ 覆盖率中　　■ 覆盖率低

1 – 南京东路	2 – 南京西路	3 – 老西门
4 – 豫园	5 – 小南门	6 – 马当路
7 – 淮海中路	8 – 常熟路	9 – 西藏中路

续表

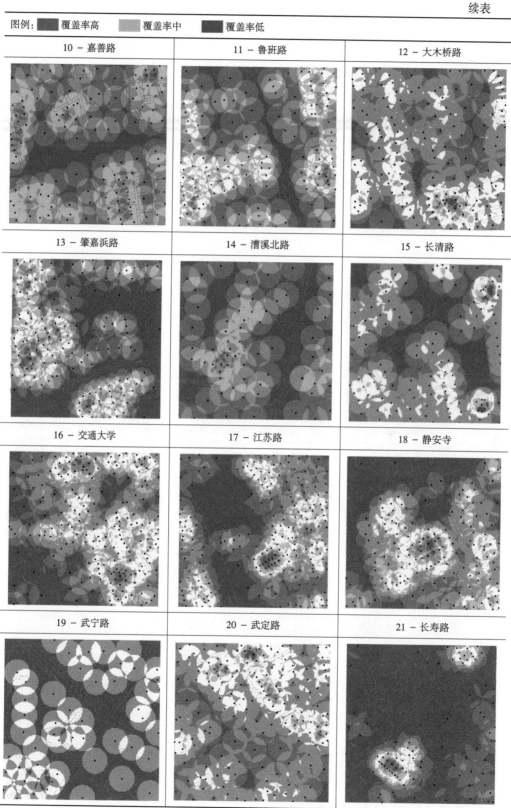

续表

图例：■ 覆盖率高　■ 覆盖率中　■ 覆盖率低

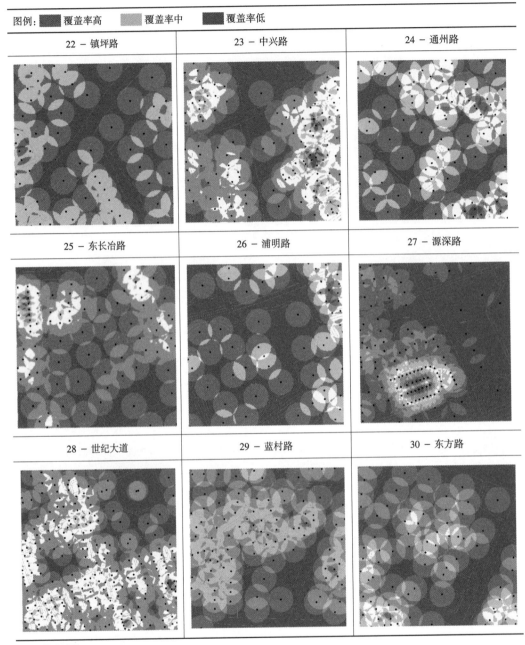

22 - 镇坪路	23 - 中兴路	24 - 通州路
25 - 东长冶路	26 - 浦明路	27 - 源深路
28 - 世纪大道	29 - 蓝村路	30 - 东方路

来源：作者自绘

4.5.2 建筑起伏度研究

街区的起伏度（高度）分布主要采用 GIS 平台的分析手段进行基于高度的建筑空间实体分布研究，采用 Empirical Bayesian Kriging 分析方法，按其高度信息赋值，进行空间分析，在每个街区样本中，可以形成高、中、低三个高度分区（分别以红色、黄色、蓝色标识）：

基于街区建设高度的建筑实体分布

表 4-18

图例：■ 覆盖率高　■ 覆盖率中　■ 覆盖率低

1 － 南京东路	2 － 南京西路	3 － 老西门
4 － 豫园	5 － 小南门	6 － 马当路
7 － 淮海中路	8 － 常熟路	9 － 西藏中路
10 － 嘉善路	11 － 鲁班路	12 － 大木桥路

续表

图例：■ 覆盖率高　▨ 覆盖率中　▧ 覆盖率低

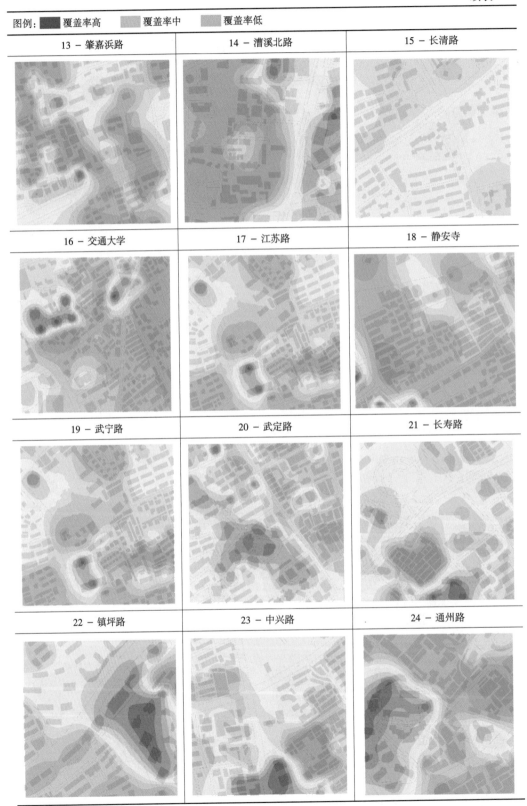

13 - 肇嘉浜路	14 - 漕溪北路	15 - 长清路
16 - 交通大学	17 - 江苏路	18 - 静安寺
19 - 武宁路	20 - 武定路	21 - 长寿路
22 - 镇坪路	23 - 中兴路	24 - 通州路

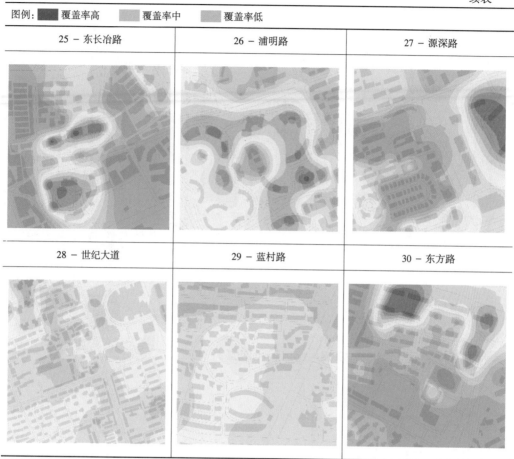

图例：■ 覆盖率高 ■ 覆盖率中 ■ 覆盖率低

| 25 – 东长治路 | 26 – 浦明路 | 27 – 源深路 |
| 28 – 世纪大道 | 29 – 蓝村路 | 30 – 东方路 |

来源：作者自绘

同时，本研究针对街区建筑的高度进行了进一步的量化分析，将街区的每一栋建筑高度与平均建筑高度差值进行了标准差数值统计（数值越大则高度错落度越大），可看出数值分布区间中最小值7.56，最大值38.7。样本区段可基本归为三类：

（1）高类：建筑高度标准差＞25，约占样本总数33%；

（2）中类：建筑高度标准差15~25，约占样本总数30%；

（3）低类：建筑高度标准差5~15，约占样本总数37%。

4.5.3 围合度研究

从国内外相关研究进展来看，街道界面的围合程度可用现有的"界面密度"来衡量：界面密度是指街道一侧建筑物沿街道投影面宽与该段街道的长度之比。其计算公式为：$De=\sum_{i=1}^{n}W_i/L$（W_i表示第i段建筑物沿街道投影面宽）。

样本街区高度起伏度一览表　　　　　表 4-19

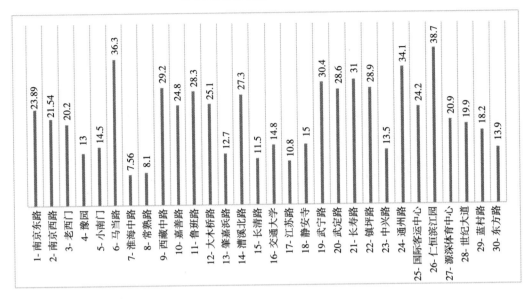

来源：作者根据统计数据自绘

样本街区围合度（界面密度）一览表　　　　　表 4-20

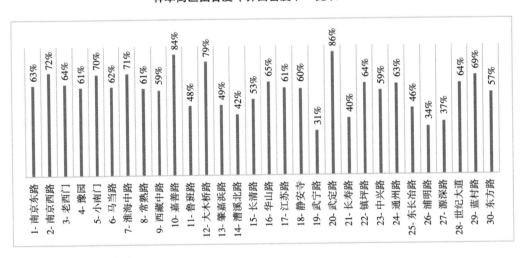

来源：作者根据统计数据自绘

4.5.4　紧凑度研究

从国内外相关研究进展来看，城市紧凑度的量化研究有单一测度指标，也有综合测度指标。

常见的城市形态分维量化分析大致分为三类：

一是边界维数，可以采用周长 - 尺度关系和面积 - 周长关系计算（Batty M，Longley PA，1988—1989）；二是半径维数，可以借助密度 - 距离关系或者面积 - 半径标度关系计算（Batty M，1991；White R，Engelen G，1993）；三是网络维数，借助网格数目 - 尺度关系计算。

从宏观的城市尺度来看，研究方法多集中于土地利用、整体结构、形态蔓延角度进行测度；本研究基于中微观街区尺度，重点从城市的物质形态和空间布局关系进行研究，侧重于从街区的地块形态、建筑布局与网络系统三方面构建紧凑度的表征指标体系。

（1）地块形态紧凑性

街区地块形态紧凑性，主要借鉴选用 Batty 提出的紧凑度公式，BCI 的理论值介于 0~1 之间，值越大表示城市用地越紧凑。

$$BCI=2\sqrt{\pi A_t}/P_t$$

式中：BCI 为紧凑度指数，A_t 为地块轮廓面积，P_t 为地块周长，BCI 的理论值介于 0~1 之间，值越大表示城市地块空间越紧凑。

样本街区紧凑度 BCI 值一览表

表 4-21

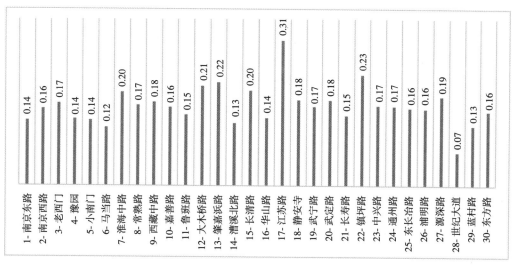

来源：作者根据统计数据自绘

研究样本街区的地块形态紧凑指数 BCI 值主要集中在 0.15~0.2（中类）之间，样本占比 60%，小于 0.15（低类）的样本占比 23%，大于 0.2（高类）的街区样本占比 13%。

（2）建筑布局紧凑性

研究建筑布局紧凑性的方法，当前理论研究主要有几类：

平均最近邻法

街区建筑布局的形态紧凑性，主要选用 GIS 平台的平均最近邻工具，计算随机分布的建筑质心之间的距离（De）与距离平均值之比（Do），即为平均最近邻指数。计算的指数小于1，表示这份数据的模式趋向于聚集。计算的指数大于1，表示这份数据的模式趋向于离散。

而这个指数，越接近1，就表示随机的几率越大。

全局 Moran I 指数分析

基于 Glaster 的空间集聚度测度指标体系，主要选用 GIS 平台的全局 Moran I 指数分析工具完成。

本研究主要选用全局 Moran I 指数计算方式来进行布局紧凑度测算：ArcGIS 平台的"全局 Moran 指数分析"中的 Moran 指数 Z 可基本给出街区形态的集聚度，以单一样本计算的结果为例，总体分为三类：集聚（Z 值大于 1.65）、随机（Z 值介于 −1.65 ~ 1.65）、分散（Z 值小于 −1.65）。在 ArcGIS 模型建立中，通过逐个定义建筑轮廓基底面的几何中心点为点要素，利用空间关系距离法，可对研究样本的建筑间相关度（集聚度）进行计算，可以初步得出各样本 Moran 指数 Z 值的分布区间：1 个样本分布在 7 ~ 8 之间，2 个样本分布在 5 ~ 6 区间，5 个样本分布于 4 ~ 5 区间，3 个样本分布在 3 ~ 4 之间，10 个样本分布在 2 ~ 3 之间，5 个样本分布在 1 ~ 2 之间，2 个样本分布在 0 ~ 1 之间，尚无负值的样本。其中，分布在 1 ~ 4 之间共有 23 个样本，占总样本数的 76%。

样本街区全局 Moran 指数 Z 值得分一览表　　　　　表 4-22

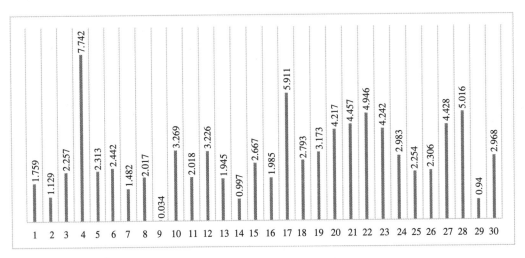

来源：作者根据统计数据自绘

根据其显著程度，将 Moran 的 Z 得分在集聚和分散类别中进一步细分：

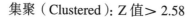

集聚（Clustered）：Z 值＞2.58

集聚显著性最明显，本研究将其区间类型命名为 C1（高类）：共有 14 个样本，占样本总数 47%，样本编号：4、10、15、17、18、19、20、21、22、23、24、27、28、30。

分散（Dispersed）：Z 值＜1.65，样本编号：2、7、14、29。

根据对 30 个样本的 Moran 的 Z 得分统计，可以初步看出，本研究所选取的样本得分基本均分布于 C1、C2、C3 和随机（Random）区间（后文简称 R）中。综合总密度梯级和基于全局的 Moran 指数分类，可以初步得出基于街区总密度梯级的样本形态集聚度分布：

1）街区总密度值位于 1 ~ 2 区间

A-C1 类：聚集度为 C1，共有 7 个样本，占样本总数 23%，

A-C2 类：聚集度为 C2，共有 6 个样本，占样本总数 20%，

A-C3 类：聚集度为 C2，共有 1 个样本，占样本总数 3%，

A-R 类：随机形态，共有 5 个样本，占样本总数 17%；

2）街区总密度值位于 2 ~ 3 区间

B-C1 类：聚集度为 C1，共有 6 个样本，占样本总数 20%，

B-C2 类：聚集度为 C2，共有 1 个样本，占样本总数 3%，

B-R 类：随机形态，共有 1 个样本，占样本总数 3%；

3）街区总密度值位于 3 ~ 4 区间：

C-C1 类：聚集度为 C1，共有 2 个样本，占样本总数 7%，

C-C3 类：聚集度为 C3，共有 1 个样本，占样本总数 3%。

从分区间样本占比统计来看：总密度区间值位于 1 ~ 2 时，Z 值位于形态聚集类的样本在总密度区间样本内的占比为 74%，当总密度区间值位于 2 ~ 3 时，Z 值位于形态聚集类的样本在总密度区间样本内的占比上升为 87.5%，当总密度区间值位于 3 ~ 4 时，Z 值位于形态聚集类的样本在总密度区间样本内的占比进一步上升为 100%，可见，随着街区总密度值的上升，样本分布明显呈现向形态聚集类别逐渐集中的趋势。

（3）网络系统的紧凑性

街区网络系统的紧凑性研究，主要借鉴 "SPACEMATRIX" 的网络结构密度 Network density（N）：表征场地中的空间网络的构成状况，定义为每平方米基底面积的网格长度（m/m²），网格长度为整个场地外围网络结构的一半与内部网格结构的综合长度的和除以场地面积的商。

网络结构密度值主要由一定区域内的结构长度和土地面积决定。结构长度总和越长，网络结构密度越高，反之，土地面积越大，网络结构密度越小。

样本街区类型在不同街区总密度区间的分布一览表　　表 4-23

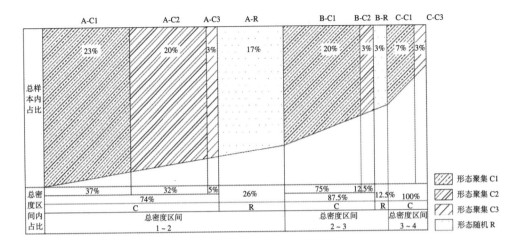

来源：作者根据统计数据自绘

样本街区网络系统密度一览表　　表 4-24

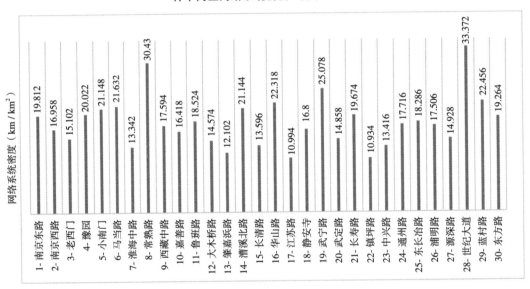

来源：作者根据统计数据自绘

　　本研究中样本街区网络紧凑度指标主要分布在 3 个区间：

　　1）低类（数值 10~15）：7、12、13、15、17、20、22、23、27

　　2）中类（数值 15~25）：1、2、3、4、5、6、9、10、11、14、16、18、21、24、

25、26、29、30

　　3）高类（数值 25~35）：8、19、28

4.6 小结

本章节主要对样本街区的形态、密度、紧凑度进行了多维度的量化和分类研究，主要建立如下分类体系：

1. 基于街区形态类型和尺度的分类；

2. 基于"SPACEMATRIX"方法建立的街区密度基本参数综合分类；

3. 基于样本街区密度基本参数的空间分布分类；

4. 基于街区紧凑度研究，建立地块形态紧凑度、建筑布局紧凑度、网络系统紧凑度的分类。

通过以上的分类研究，主要目的在于梳理样本街区的形态特征，并为街区的微气候环境关联研究建立基于样本类型的分项评估体系，主要类型体系归纳详见表4-25。

样本街区形态类型研究一览表 表 4-25

街区毛容积率	街区名称	街区形态类型	"SPACEMATRIX"方法密度基本参数街区类型	起伏度	紧凑度		
				高度错落度	地块形态紧凑度	建筑布局紧凑度	网络系统紧凑度
1-2	15- 长清路	毛细形路网中型街区	多层低密度街区	低	中	高	低
	18- 静安寺	毛细形路网中型街区	多层中密度街区	中	中	高	中
	4- 豫园街道	矩形网格形中型街区	低层街区	低	低	高	中
	8- 常熟路	毛细形路网中型街区	多层中密度街区	低	中	中	高
	17- 江苏路	毛细形路网超大型街区	多层中密度街区	低	高	高	低
	27- 源深路	毛细形路网超大型街区	高层低密度街区	中	中	高	低
	7- 淮海中路	矩形网格形中型街区	多层高密度街区	低	中	低	低
	29- 蓝村路	毛细形路网超大型街区	多层低密度街区	中	低	分散	中
	13- 肇嘉浜路	矩形网格形中型街	多层中密度街区	低	高	低	低
	23- 中兴路	矩形网格形中型街	多层中密度街区	低	中	高	低
	30- 东方路	毛细形路网超大型街区	高层低密度街区	低	中	高	中
2-3	3- 老西门	矩形网格形小型街区	多层高密度街区	低	中	中	中
	5- 小南门	矩形网格形小型街区	多层高密度街区	低	低	中	中
	16- 交通大学	放射形路网中型街区	多层中密度街区	低	低	低	中
	25- 东长冶路	矩形网格形中型街区	多层中密度街区	高	中	中	中

续表

街区毛容积率	街区名称	街区形态类型	"SPACEMATRIX"方法密度基本参数街区类型	起伏度	紧凑度		
				高度错落度	地块形态紧凑度	建筑布局紧凑度	网络系统紧凑度
2-3	14- 漕溪北路	毛细形路网大型街区	多层中密度街区	高	低	分散	中
	9- 西藏中路	矩形网格形中型街区	高层中密度街区	高	中	分散	中
	2- 南京西路	矩形网格形中型街区	高层高密度街区	中	中	分散	中
3-4	11- 鲁班路	毛细形路网大型街区	高层中密度街区	高	低	中	中
	26- 浦明路	毛细形路网超大型街区	高层低密度街区	高	中	中	中
	22- 镇坪路	毛细形路网大型街区	高层低密度街区	高	高	高	低
	12- 大木桥路	矩形网格形中型街区	高层中密度街区	高	高	高	低
	24- 通州路	放射形路网中型街区	高层高密度街区	高	中	高	中
	6- 马当路	矩形网格形小型街区	高层低密度街区	高	低	中	中
	21- 长寿路	矩形网格形小型街区	高层中密度街区	高	低	高	中
	10- 嘉善路	毛细形路网中型街区	高层中密度街区	中	中	高	中
	19- 武宁路	毛细形路网大型街区	高层低密度街区	高	中	高	高
4-5	20- 武定路	毛细形路网中型街区	高层高密度街区	高	中	高	低
	1- 南京东路	矩形网格形小型街区	高层高密度街区	中	低	分散	中
	28- 世纪大道	矩形网格形大型街区	高层中密度街区	中	低	高	高

来源：作者根据统计数据自绘

第5章 | 高密度城市街区气候环境研究

高密度的城市空间会给环境带来更多不利影响，譬如生态绿化空间的减少、热岛现象的加剧，因此，对于高密度城市来说，公共空间的布局研究与设计相对于低密度的城市显得更为重要。

从城市设计的角度看，则需要关注更多可控的因素：如建成区的密度及建筑类型，影响到达城市的太阳辐射和消失的太阳辐射；城市街道走向，影响近地面风速的大小；城市绿化的面积与分布，影响城市的下垫面材质等。从城市设计角度分析和研究城市的热岛效应机制并进行相应的设计策略研究，需要综合风环境、光环境、热环境多个维度，理解多种因素的影响。

城市（人工环境）微气候与乡村（自然环境）气候的差异主要在于临近街面部分的气温和风速，这些差异直接影响人们的舒适感。造成这些差异的主要原因有：城市地区的辐射平衡、地面与建筑的热交换、城市上空气流以及城市内部产生的热量等。同时，也受到城市结构的显著影响，如城市形态、密度、街道宽度、走向等。

城市形态的设计和街区室外风、热、光环境是关系密切而又充满冲突的，例如相对开放的街区形态有利于太阳辐射的进入以及空气污染物的扩散，但是这种形态却不利于夏季节能以及冬季人的步行感受。

城市的建筑密集区每日平均气温要比周边的开敞（乡村）地区高，城乡之间的温度差异称为"城市热岛"现象。通常城乡温度差在夜间达到最大，各种相互独立的因素影响了城市气温，尤其是近地面附近的气温，从而导致了热岛的形成，主要因素在于城乡地区的净辐射总量差异：在白天，城市近地表面的气温吸收的辐射大于周边乡村开敞空间，但城市在夜间的辐射冷却效应却要比乡村地区低得多。当然，热岛效应的产生也包含很多不受人类影响的气象因素，如云层和地区风速等。

基于不同的高密度街区的类型，本研究进一步进行了生态环境品质和微气候模拟的研究，重点在生态绿化环境、风环境、热环境和光环境几个维度展开研究，针对研究结果的规律进一步探寻，主要是在绿色环境语境下，探寻适宜的街区城市形态，进一步指导城市设计，例如街区建筑布局、空间结构、公共空间布置等。研究关注点在于阐释受到城市物质空间形态影响的微气候特征，寻找出关键的城市形态作用参数、作用影响度和作用规律。通过综合进行街区室外风环境、热环境和光环境的生态模拟，进一步在高密度城市的街区设计中找到与室外风、热、光环境相兼容的城市形态可能，探寻城市设计应对城市微气候的设计策略。

对于数据统计和进一步的综合绩效评价指标的选择，是侧重于能够反映街区整体环境、街道空间、开敞空间的微气候环境品质，而不是针对具体单体建筑物及其立体表面的环境品质评价指标。

<table>
<tr><td colspan="3">高密度街区生态、气候环境品质研究构成</td><td>表 5-1</td></tr>
</table>

高密度街区生态、气候环境品质研究		
气候要素		描述 / 测度
1. 生态环境品质（绿地、水体）	定性研究	绿地、水体分级分类
	定量研究	绿地率、绿地步行可达覆盖面积占比
2. 风环境品质（风速、风流体路径）	定性研究	通过静风区、强风区分布占比进行分级分类
	定量研究	风速值及其占比
3. 热环境品质（温度、PMV）	定性研究	通过 PMV 值高低进行分级分类
	定量研究	温度值、PMV 值及其占比
4. 光环境品质（日照小时数、辐射量）	定性研究	根据辐射量、日照时长最优区占比进行分级分类
	定量研究	辐射量、日照时长值及其占比

5.1 绿色生态环境品质研究

绿色生态环境的指标重点指主城街区内的绿地和水体所占面积。在城市园林绿化、生态环境的评价中，建成区绿化覆盖率是重要评价指标。

绿化覆盖率一览表　　　　　　　　　　表 5-2

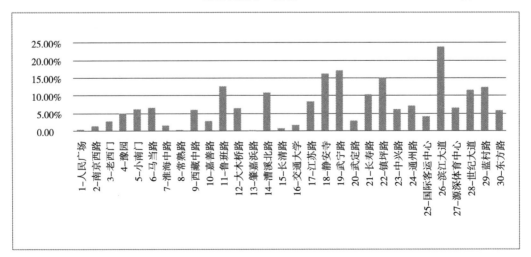

按绿地率指标分级，0～5%低、5%～10%较低、10%～15%中、15%～20%较高、20%～25%高来进行分布统计，可见:大部分街区样本均分布在低、较低的范畴内，共计70%。

依据2008年全国660个设市城市相关统计数据统计分析。660个城市的平均值为31.30%，其中110个国家园林城市的平均值为36.84%，抽样统计的非园林城市平均值为29.80%。本研究样本的大部分街区均未达到非园林城市的平均值，由此可见上海中心城区高密度街区的绿化生态品质较低，绿化生态空间数量亟待提升。

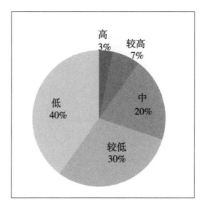

图5-1 绿地率数值分布

5.2 风环境品质研究

城市风环境，尤其是近街道处的风环境，直接影响到人类的健康、舒适度、能耗以及空气污染程度。大部分城市地区的风环境也会决定建筑的通风潜力以及建筑外部的行人与风接触的程度，在温度过高的季节里，较高的风速可以缓解由于高温引起的生理热压，此外，城市热岛效应的趋势也会因风速的增大而减弱。

在所有城市气候因素中，风环境受城市化的调节和影响最大，更易受到城市设计的控制和调节。当流经开敞地区（自然环境）的风接近城市化区域的边界时，其接触的表面由于建筑的原因而具有更高的"粗糙度"，带来更大的摩擦力，从而减小风流速。由于地面的粗糙度不同，导致城市和郊区风速垂直分布的差异是十分显著的。

多项既有研究表明，风速在城市建成区减弱，建筑物在街道中形成气流可通过的通道，由于建筑的摩擦作用，流经建筑上方及周边的气流风速被减小，但其风速变化和紊乱度增加了，因此，城市风环境总体上具有风速低、风速变化程度大和紊乱度大的特征。

本文对于风环境的品质测定均是根据对于街区样本的风速模拟结果得出的，本研究对于风速的评价参照东南大学的杨俊宴学者给出的数值区间划分定义:

（1）风速小于 1.0m/s，称为"静风区"；

（2）风速大于 5.0m/s，称为"强风区"。

夏季湿热条件下，由于静风区内部风速过低可能会造成体感闷热、空气质量下降等问题，影响人的舒适性。静风区面积比即为区域内静风区面积与区域室外空间总用地面积的比值，静风区面积比越大则说明该区域的热舒适性越差。

风速大于 5.0m/s，会使室外活动者感到不适，影响人在室外的正常活动，甚至会造成风灾，这种影响在冬季则更为明显，会形成强烈的寒冷感受。

研究一：样本冬夏季风环境分析。（具体详见附录二）

根据样本的风环境模拟分析，在人行道 1.5m 高度，冬季并未出现影响室外环境舒适度差的强风区，而夏季室外风环境问题相比较为突出，几乎所有样本都存在夏季静风区、舒适度较差的区域，通过对所有样本街区的数值统计和观察，冬夏季风速模拟中，风速上限未超过 4.6m/s，重点对于风速小于 1.0m/s "静风区"的面积进行了指标统计，将夏季静风区面积比作为衡量风环境的绩效评价因素。

基于此，对街区样本的密度相关参数和静风区面积首先进行了整体量化研究：

（1）街区形态结构类型与风环境的量化关联研究

根据既有样本街区的街道走向角度、街道网格尺寸进行如下分类：

1）基于街道走向角度

A 类：与主盛行风向夹角 0°～15°，B 类：与主盛行风向夹角 15°～30°，C 类与主盛行风向夹角 15°～45°。

从样本数值分布区段来看，街道走向与主盛行风向夹角越小，越有利于减少静风区面积占比。

各类街道走向的样本街区的夏季静风区在开敞空间中的占比　　表 5-3

夏季静风区面积在街区开敞空间面积中的占比	A 类	B 类	C 类
10%～20%	100%	—	—
20%～30%	43%	57%	—
30%～40%	17%	50%	33%
40%～50%	25%	50%	25%

2）基于街道网格尺度：

小型街区 A 类：0～200m，中型街区 B 类：200～300m，大型街区 C 类：300～400m，超大型街区 D 类 400～500m。

各类尺度样本街区夏季静风区在开敞空间中的占比 表 5-4

夏季静风区面积在街区开敞空间面积中的占比	A	B	C	D
10% ~ 20%	100%	—	—	—
20% ~ 30%	11%	56%	33%	—
30% ~ 40%	22%	62%	8%	8%
40% ~ 50%	—	43%	29%	29%

从静风区面积在街区开敞空间面积中占比的数值区段分布来看，A 类街区夏季静风区面积比例较小，B、C、D 类在高静风区面积比例的街区样本中占比更多，尤其是 D 类超大型的街区，夏季静风区面积占比均＞30%。从样本数据来看，街区样本中，街道走向与街区网格尺寸之间没有直接对应的数值关系，但街道网格尺度越小，越有利于减少夏季静风区面积占比。

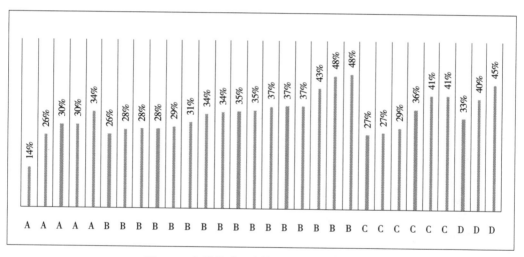

图 5-2 各类街道尺度的夏季静风区面积占比

（2）不同肌理类别的城市街区风环境品质

1）低层密集街区

低层密集街区风环境 表 5-5

图例：			
▇ 风速：0~1m/s	▇ 风速：1~2m/s	▇ 风速：2~3m/s	▇ 风速：3~4m/s
02	03	04	05

2）多层行列式街区

多层行列式街区风环境 表 5-6

图例：			
▇ 风速：0~1m/s	▇ 风速：1~2m/s	▇ 风速：2~3m/s	▇ 风速：3~4m/s
建筑组合形态	夏季风速模拟	夏季风向模拟	建筑主朝向角度
			南偏东 24°
平均建筑主朝向间距	平均建筑山墙间距	平均建筑高度	建筑密度
25m	16m	24m	30%
建筑组合形态	风速模拟	风向模拟	建筑主朝向角度
			南偏西 10°
主朝向建筑平均间距	建筑山墙平均间距	平均建筑高度	建筑密度
29m	20m	30m	26%

3）高层点式单元街区

高层点式单元街区风环境　　　　　　表 5-7

图例：

■ 风速：0 ~ 1m/s　　　■ 风速：1 ~ 2m/s　　　■ 风速：2 ~ 3m/s　　　■ 风速：3 ~ 4m/s

4）高层围合式组合单元街区

高层围合式组合单元街区风环境　　　　　　表 5-8

图例：

■ 风速：0 ~ 1m/s　　　■ 风速：1 ~ 2m/s　　　■ 风速：2 ~ 3m/s　　　■ 风速：3 ~ 4m/s

建筑组合形态	夏季风速模拟	夏季风向模拟	建筑主朝向角度
			南偏东 15°
平均建筑主朝向间距	平均建筑山墙间距	平均建筑高度	建筑密度
50m	16m	50m	33%

基于既有样本街区风环境与密度相关参数、建筑组合类型、密度与高度空间分布的量化和空间关系研究，可以初步获得如下结果：

（1）从总体指标分布来看，街区网格尺度越小，夏季静风区面积占开敞空间的面积越小。

（2）高层低密度形态分布在整体风环境指标较好的区间内，低层高密度形态分布在风环境指标最差的区间内。

通过对建筑组合类型的进一步类别分析，可以得出相似的结论。

影响不同建筑组合形态的风环境舒适性的因素一览表　　　　　　　表 5-9

	主朝向建筑间距	山墙建筑间距	平均高度	建筑开口连线角度与常年风向夹角	建筑密度	迎风面建筑高度
低层密集组合形态				样本模拟结果均较差		
多层行列式组合形态	●	●		●	●	●
高层点式组合形态	●			●	●	●
高层围合式组合形态			●	●		●

5.3 热环境品质研究

热环境指标评价通常可以通过室外气流速度、空气温度、平均辐射温度 MRT 、相对湿度等环境变量来评价。

本文将 4 个指标结合人体着衣量和人体活动量代谢率两个人体变量的主要因素，计算出该空间环境的标准有效温度 SET（Standard Effective Temperature），通过人体热舒适指标 PMV（Predicted Mean Vote）预测人在该空间环境中的主观热感觉。

借鉴丹麦学者 Fanger（1972）提出的 PMV 热感觉指数评价人体热感觉标准，见表 5-10。

PMV 热感觉指数评价人体热感觉标准　　　　　　　　　表 5-10

热感觉	热	暖	微暖	适中	微凉	凉	冷
PMV 值	+3	+2	+1	0	−1	−2	−3

对热环境 PMV 舒适度模拟云图的量化研究，对 PMV 舒适度面积指标进行了区段性等级划分，划分方式基于 PMV 的数值区间：

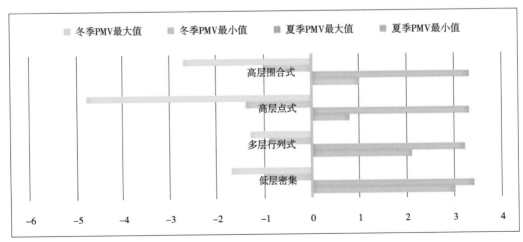

图 5-3　各建筑组合类型 PMV 值分布区间

夏季：A（适中 0 ~ 1）、B（微暖 1 ~ 2）、C（暖 2 ~ 3）、D（热 3 ~ 4）；

冬季：A（适中 0 ~ -1）、B（微凉 -1 ~ -2）、C（凉 -2 ~ -3）、D（冷 -3 ~ -4）。

重点选取：冬季 PMV-A 区面积比和夏季 PMV-A 区面积比两个量化指标作为衡量热环境的绩效评价因素。

综合进行 4 类建筑组合类型的 PMV 数值比对，可以看出总体而言，低层密集和多层行列式的冬季 PMV 指标最大值的区间分布优于高层点式和高层围合式。

5.4 光环境品质研究

光环境指标评价，本文主要分为光强和光时长两个维度进行考虑，光强主要通过太阳辐射强度来表征，根据样本模拟结果数据。

夏季日照辐射模拟按强度等级分为三类区域：

A 区（低）：< 1500Wh；

B 区（中）：1500 ~ 4500Wh；

C 区（高）：4500 ~ 6500Wh。

冬季日照辐射模拟按强度等级分为三类区域：

A 区（高）：2500 ~ 3500Wh；

B 区（中）：1500 ~ 2500Wh；

C 区（低）：< 1500Wh。

冬至日日照小时模拟按时长分为三类区域：

A 区（高）：4 ~ 5h；

B 区（中）：2 ~ 4h；

C 区（低）：< 2h。

重点选取：①冬季日照辐射 A 区面积占比②冬至日日照时长 A 区面积占比③夏季日照辐射 A 区面积占比这 3 个量化指标作为衡量光环境的绩效评价因素。

（1）基于街道走向角度

（街区角度分类：A 类，与主盛行风向夹角 0° ~ 15°；B 类，与主盛行风向夹角 15° ~ 30°；C 类，与主盛行风向夹角 15° ~ 45°）

各类街道走向样本街区日照辐射及时长模拟 A 级区域在开敞空间中的占比　　表 5-11

夏季：

夏季日照辐射 A 区面积在街区开敞空间面积中的占比	街道走向角度类型		
	A	B	C
0 ~ 10%	14%	64%	22%

续表

10%～20%	25%	25%	50%
20%～30%	—	100%	—
30%～40%	100%	—	—

冬季：

冬季日照辐射 A 区面积在街区开敞空间面积中的占比	街道走向角度类型		
	A	B	C
10%～20%	17%	50%	33%
20%～30%	25%	50%	25%
30%～40%	33%	67%	—
40%～50%	20%	60%	20%

冬至日日照时长 A 区面积在街区开敞空间面积中的占比	街道走向角度类型		
	A	B	C
10%～20%	100%	—	—
20%～30%	—	50%	50%
30%～40%		100%	
40%～50%	30%	50%	20%
50%～60%		75%	25%

　　街区样本中，冬、夏季日照辐射 A 区面积在街区开敞空间面积中的占比与主盛行风向夹角之间没有一一对应的数值关系，从整体数值分布来看：夏季日照辐射 A 区占比较高值分布在夹角接近盛行风向的角度的街区，冬季日照辐射 A 区占比和冬至日日照时长分布规律不明显。

　　（2）基于街道网格尺度：

　　（尺度分类 A 小型街区：0～200m，B 中型街区：100～300m，C 大型街区：200～400m，D 超大型街区 300～500m。）

各类街道尺度下样本街区日照辐射及时长模拟 A 级区域在开敞空间中的占比　表 5-12

夏季：

夏季日照辐射 A 区面积在街区开敞空间面积中的占比	街道网格尺寸			
	A	B	C	D
0～10%	7%	60%	26%	7%
10%～20%	25%	25%	—	50%
20%～30%	—	100%	—	—
30%～40%	100%	—	—	—

冬季：
续表

冬季日照辐射 A 区面积在街区开敞空间面积中的占比	街道网格尺寸			
	A	B	C	D
0 ~ 10%	—	100%		
10% ~ 20%	20%	40%	40%	—
20% ~ 30%	25%	50%	25%	
30% ~ 40%	33%	67%	—	—
40% ~ 50%	25%	50%	25%	

冬至日日照时长 A 区面积在街区开敞空间面积中的占比	街道网格尺寸			
	A	B	C	D
10% ~ 20%	100%	—	—	—
20% ~ 30%	—	50%	50%	
30% ~ 40%		100%		
40% ~ 50%	30%	50%	20%	
50% ~ 60%	—	75%	25%	—

　　街区样本中，冬、夏季日照辐射 A 区面积在街区开敞空间面积中的占比与街区尺度区间之间没有一一对应的数值关系，从整体数值分布来说，夏季日照辐射 A 区占比较高值分布在小尺度街区范围内，冬季日照辐射 A 区占比和冬至日日照时长分布规律不明显。

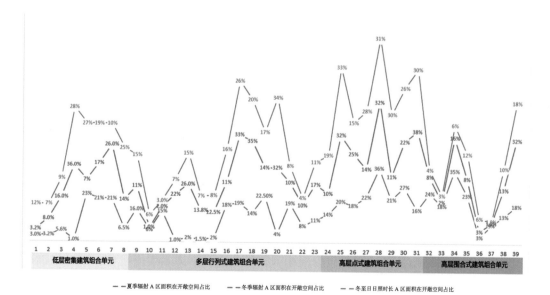

图 5-4　冬夏季日照辐射 A 区及冬至日日照时长 A 区占开敞空间占比统计一览表
来源：作者根据统计数据自绘

综合进行四类建筑组合类型的冬夏季日照辐射 A 区面积在开敞空间占比和冬至日日照时长 A 区面积在开敞空间占比的比对，从数值的总体分布来看，可以得出以下结论：

1）高层点式的建筑组合形态获得更优的夏季遮阴、冬季日照辐射和时长的比例更高。

2）低层密集建筑组合单元和多层行列式组合单元的夏季辐射 A 区的占比很低，说明该组合以建筑阴影区作为开敞空间遮阴区的空间比例很低。

3）高层围合式建筑组合单元的夏季数值分布差异较大，说明空间布局类型对于高层围合式建筑组合单元的日照辐射和时长影响很大。

5.5　综合气候品质绩效评估

在宏观的综合评估范畴内，微气候环境评估不是绝对独立的，而是相互关联的，PMV 描述热感觉同时表征风环境和热环境两个维度的舒适度，而太阳辐射强度也同时表征了室外太阳辐射的热强度和光强度。将数据分项整合进行分布研究，更有利于整体描述街区样本的微气候环境质量。

通过对微气候环境描述指标的分布情况和系统统计，进行等级划定，原则如下：A（优）、B（较优）、C（中）、D（差）。数值区间划分方式如下：

（1）夏季静风区面积比

A（＜20%）、B（20%～30%）、C（30%～40%）、D（＞50%）；

（2）冬季 PMV-A 区面积比

A（15%～20%）、B（10～15%）、C（5%～10%）、D（0～5%）；

（3）夏季 PMV-A 区面积比

A（40%～50%）、B（30%～40%）、C（20%～30%）、D（0～20%）；

（4）冬季日照辐射 A 区面积比

A（40%～50%）、B（30%～40%）、C（20%～30%）、D（10%～20%）；

（5）夏季日照辐射 A 区面积比

A（40%～30%）、B（30%～40%）、C（20%～30%）、D（0～20%）；

（6）冬至日日照时长 A 区面积在街区开敞空间面积中的占比

A（50%～60%）、B（40%～50%）、C（30%～40%）、D（0～20%）；

以上 6 个指标的各自等级分布范围和数值各不相同，为了将其统一在同一个范畴内进行统合叠加，进行综合绩效评估，对 A、B、C、D 等级分别赋予 10、8、6、4 四个分值，在这里，最终分值不具有任何具体的数字意义，只是作为一个用于等级区分的方法，表征 6 个指标叠加后的总绩效的高低。

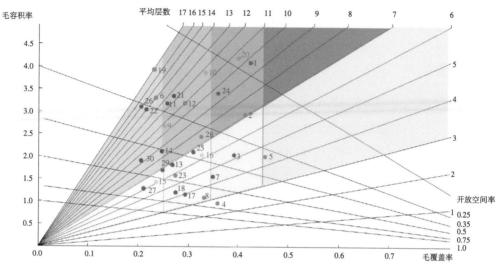

图 5-5　基于总体微气候绩效值等级的样本街区区间分布一（高度 – 密度分区）

图例：微气候绩效值等级 ●高　●中　●低

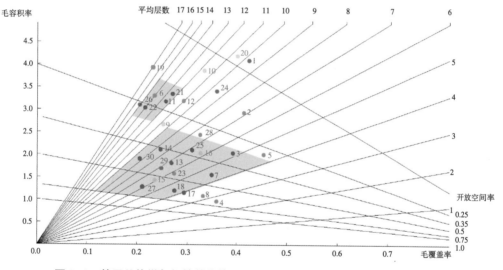

图 5-6　基于总体微气候绩效值等级的样本街区区间分布二（适宜区间归纳）

图例：微气候绩效值等级 ●高　●中　●低

来源：作者根据统计数据绘制

　　选择将微气候绩效分值 42～48（6 项指标平均分值 7～8），36～42（6 项指标平均分值 6～7）的街区，＜ 36（6 项指标平均分值＜6）的街区样本按高、中、低类别归类，依次放入空间矩阵模型进行分布分析，见图 5-5、图 5-6：从街区的高度 – 密度分区来看，微气候模拟综合得分较高的样本街区主要分布在 4 类街区内：高层低密度街区、高层中密度街区、多层中密度街区、多层高密度街区。

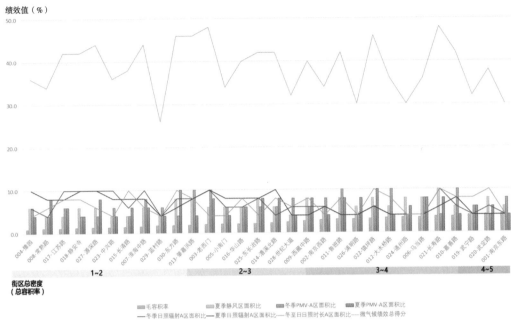

图 5-7　基于街区容积率梯度的总体微气候绩效值一览表

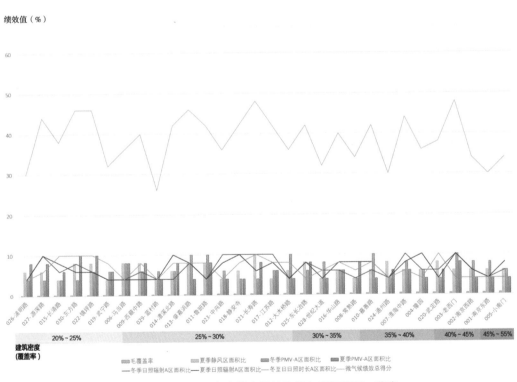

图 5-8　基于街区密度梯度的总体微气候绩效值一览表

基于对现有样本结果分布范围的观察，可以初步发现微气候模拟综合得分较高的样本街区相对集中分布在两个范围内，亦可理解为基于微气候考量的高密度城市发展的适宜密度区间：

区间一：街区毛容积率范围 3 ~ 3.5 之间，建筑密度（毛覆盖率）范围 20% ~ 30%，平均层数范围 12 ~ 15。

区间二：街区毛容积率范围 1.5 ~ 2.5 之间，建筑密度（毛覆盖率）范围 20% ~ 40%，平均层数范围 4 ~ 9。

通过容积率梯度和密度梯度的综合指标研究，可见街区气候品质与容积率和建筑密度没有一一对应关系，高容积率的街区和高建筑密度的街区均可以获得较高的街区气候品质。

5.6 环境气候与形态的量化关联研究

5.6.1 量化指标

数据关联研究选取空间结构研究部分的量化指标：街区街道角度（A）和样本街区街道尺寸平均值（L），空间肌理和空间密度研究部分取密度相关参数：街区容积率（FAR）、覆盖率（FSI）、街区平均层数（FL）、高度起伏度（FR），紧凑度指标：地块形态紧凑度（BCI）、建筑布局紧凑度全局 Moran Z 值（MZ）、网络系统紧凑度（NC）。

选取微气候研究部分的量化指标：夏季静风区在开敞空间的占比（SWR）、冬季 PMV-A 区在开敞空间占比平均值（WPR）、夏季 PMV-A 区在开敞空间占比平均值（SPR），冬季日照辐射值 A 区在开敞空间占比（WSR）、夏季日照辐射值 A 区在开敞空间占比（SSR）、冬至日日照时长 A 区在开敞空间占比（WTR）。

形态指标 – 微气候量化研究指标相关度一览表　　　　　　　表 5-13

	风环境	热环境		光环境		
	夏季静风区在开敞空间的占比（SWR）	冬季 PMV-A 区在开敞空间占比平均值（WPR）	夏季 PMV-A 区在开敞空间占比平均值（SPR）	冬季日照辐射值 A 区在开敞空间占比（WSR）	夏季日照辐射值 A 区在开敞空间占比（SSR）	冬至日日照时长 A 区在开敞空间占比（WTR）
街区街道角度（A）	−0.565	−0.357	0.339			
街道网格尺寸平均值（L）						
街区容积率（FAR）	−0.387			−0.505	−0.747	
覆盖率（FSI）			−0.555			
街区平均层数（FL）			0.555	−0.533	−0.707	
高度起伏度（FR）	−0.518					

续表

	风环境	热环境		光环境		
	夏季静风区在开敞空间的占比（SWR）	冬季PMV-A区在开敞空间占比平均值（WPR）	夏季PMV-A区在开敞空间占比平均值（SPR）	冬季日照辐射值A区在开敞空间占比（WSR）	夏季日照辐射值A区在开敞空间占比（SSR）	冬至日日照时长A区在开敞空间占比（WTR）
地块形态紧凑度（BCI）						
建筑布局紧凑度全局Moran Z值（MZ）				0.744		
网络系统紧凑度（NC）				−0.745		

5.6.2 结论

（1）对单一微气候指标产生影响的形态指标及相互作用规律如下：

1）覆盖率（FSI）：该值的减小有利于夏季PMV-A区面积比的增大。

图5-9 街区覆盖率变化示意图

来源：作者自绘

在实现相同容积率的情况下，优先考虑降低覆盖率，增大通风的可能性，可以优化提高夏季PMV-A区域的占比。

2）高度起伏度（FR）：该值的增大有利于夏季静风区在开敞空间占比的减小。

图5-10 街区高度起伏度变化示意图

在实现相同容积率的情况下，提高建筑高度的起伏度（错落度），可以优化夏季通风，减少夏季静风区面积比。

3）建筑布局紧凑度全局Moran Z值（MZ）：该值的增加有利于冬季日照辐射值A区面积比的增加。

图5-11 街区建筑布局紧凑度变化示意图

全局 Moran Z 值的计算原理是将街区内的建筑抽象为以质心位置为坐标的点要素，根据点要素的相对距离来表征点要素的相关度，从而进一步表征建筑布局的紧凑度，对于建筑设计和城市设计而言，密集组团和簇群式布置的建筑相对于均布的建筑体量，可以达成更高的建筑布局紧凑度。

4）网络系统紧凑度（NC）：该值的增加会减少冬季日照辐射值 A 区占比。

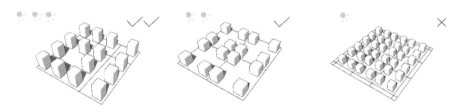

图5-12 街区网络系统紧凑度变化示意图

网络系统紧凑度是表征场地内空间网络的密度值，与地块划分和路网密度成正比，从本研究的样本案例模拟结果和指标关系研究来看，小地块由于建筑的体量和布置模式方式的局限相比于大地块的街区而言，确难以形成较大尺度的开敞空间，从冬季日照角度来看，确实不利于提升街区整体辐射值 A 区面积比。

但进一步思考，基于紧凑城市理论，提倡更为细密的地块划分和小、密路网，从交通可达性和土地的紧凑高效利用、街区边界活力的激发来看，网络系统密度高的小地块却有更大的优势。由此，在设计中进行多元价值的均衡考虑。从更大尺度的整体城市设计来看，多个街区构成的整体城市地块内，小密地块街区的微气候环境因素的缺失，可以通过局部大尺度街区和绿化开敞空间的置入，予以微气候品质的补偿。

（2）对多个微气候指标产生影响的形态指标为：街区街道角度（A）、街区容积率（FAR）、街区平均层数（FL）。

通过这些对多个微气候指标产生影响的形态指标进行分析，发现其影响作用存在如下矛盾点：

1）对于街区街道角度（A）而言，该值的增大对夏季静风区在开敞空间的占比减小有利，对夏季热环境舒适度（PMV-A 区在开敞空间的占比增大）有利，但却对冬季热环境舒适度（PMV-A 区在开敞空间的占比增大）不利，从相关度的数值来看，对于夏季静风区在开敞空间的占比作用最大。

2）对于街区容积率（FAR）而言，该值的增大对于夏季风环境（静风区在开敞空间的占比减小）有利，却对冬季光环境（日照辐射值 A 区在开敞空间占比增加）不利，对夏季热环境舒适度（日照辐射值 A 区在开敞空间占比增加）不利。从相关度的数值来看，对于夏季日照辐射值 A 区在开敞空间占比的作用最大。

3）对于街区平均层数（FL）而言，该值的增大对于增加夏季热环境（夏季 PMV-A 区在开敞空间占比平均值）有利，却对冬季光环境（冬季辐射值 A 区在开敞空间）不利，对夏季日照辐射值 A 区在开敞空间占比的增加不利。从相关度的数值来看，对于夏季日照辐射值 A 区在开敞空间占比的作用最大。

5.7　适宜密度区间内的街区样本特征与类型提取

基于研究结论，高密度城市街区建设的适宜密度指标分布区间有两类：

街区毛容积率范围 3 ~ 3.5 之间，建筑密度（毛覆盖率）范围 20% ~ 30%，平均层数范围 12 ~ 15；

街区毛容积率范围 1.5 ~ 2.5 之间，建筑密度（毛覆盖率）范围 20% ~ 40%，平均层数范围 4 ~ 9。

事实上，这两种指标区间在形态空间上的形态模式语汇阐释有多种可能性，这里主要从如下几个方面进行研究。

（1）形态结构

在指标第一个区间内，通过对微气候绩效分值最高的 3 个样本进行观察，汇总如下信息：

样本信息一览表　　　　　　　　　　　　　　　　表 5-14

	11- 鲁班路	21- 长寿路	22- 镇坪路
街区形态			
街区形态类型	毛细状路网大型街区	矩形网格形小型街区	毛细状路网大型街区
街区尺度	200 ~ 400m	100 ~ 200m	200 ~ 400m
街区角度	南偏东 16°	南偏东 47°	南偏东 34°

在指标第二个区间内，通过对微气候绩效分值最高的4样本进行观察，汇总如下信息：

样本信息一览表 表 5-15

街区形态	3- 老西门	27- 源深路	13- 肇嘉浜路	30- 东方路
街区形态类型	矩形网格形小型街区	毛细状路网中型街区	矩形网格形中型街区	毛细状路网超大型街区
街区尺度	100～200m	200～300m	100～300m	300～400m
街区角度	南偏东 25°	南偏东 24°	南偏东 16°	南偏东 28°

（2）肌理单元及建筑组合单元

通过对微气候高绩效分值样本的观察，可以发现主要存在多层密集单元、条形（行列式）单元、点式（塔式）单元，基于5.2风环境研究结论，在后续研究中，应暂时排除多层密集单元，选择条形单元和点式单元，考虑条形单元围合式布置的极限状态，可引入围合形（庭院式）单元。

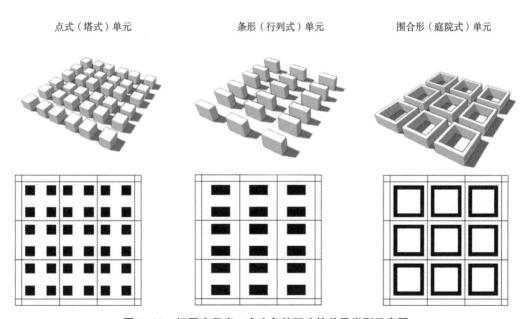

图 5-13 相同容积率、密度条件下建筑单元类型示意图

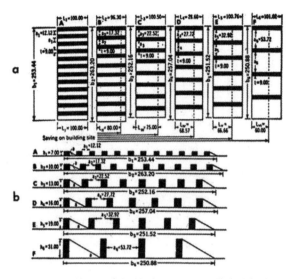

图 5-14　格罗皮乌斯针对行列式住宅的密度探究
来源：https://www.tankonyvtar.hu/hu/tartal

5.8　理想模型研究

通过理想状态下的街区模型，仅考虑物理几何体块布局及其气候模拟分析，分别根据不同的建筑单元类型、街区角度、容积率、建筑密度的梯级变化，可以建构理想模型的模拟研究，进一步对形态 - 微气候模拟相关性分析与结论进行验证。

5.8.1　研究目的及研究借鉴

本研究部分重点在于探寻密度相关参数的整体数值合理区间范畴，用于指导城市设计实践的整体设计策略，基于对多个微气候指标产生影响的形态指标分析所发现的矛盾点，通过进一步的模拟研究，探寻是否存在可以兼顾各项微气候指标的形态指标区间值。

在历史上，存在一些可借鉴的密度试验，用理想模型进行密度探索。

（1）格罗皮乌斯针对行列式住宅的密度探究

1930 年，格罗皮乌斯在布鲁塞尔的现代建筑第三次国际会议上进行了建筑密度和高度、形式的关系计算，并通过数学模型进行深入研究，格罗皮乌斯的密度研究主要是针对条形的行列式建筑单体。他提出在大城市中理想的（住宅）建筑层数应为10~12 层，认为节地效果好，建筑间距大，能提供最佳的日照和通风条件，同时有利于集中绿地和公共活动场地的布置。

（2）莱斯利·马丁（L.Martin）与莱纳·马奇（L. March）对于围合式和点式单体建筑布局组合的对比密度研究

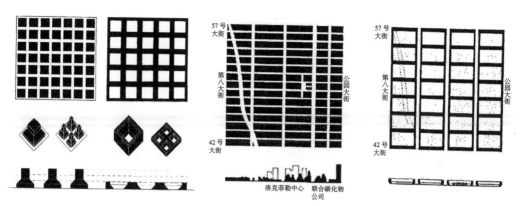

图 5-15 马丁和马奇相同容积率下点式和围合式建筑组合的形态对比研究

来源：Urban Space and Structures[M].Cambridge：CambridgeUniversity Press.1972

从传统经验来看，围合式街区代表了低容积率的传统城市街区布局，点式（塔式）街区则代表高度密集的现代城市布局。

换句话说，围合式一直被认为无法促成较高的密度而不能适应现代城市的需要。在 1966 年，马丁和马奇就这两种彼此"对立"的布局进行了数学计算和分析。计算结果证明，合理尺度下的周边式街区不仅能够达到亭子式布局的密度，同时比亭子式更能营造出开敞、宜人的空间感受。

（3）MVRDV 工作室对条形行列式、围合式和点式单体建筑布局形态的密度对比研究

荷兰作为一个高密度国家的历史和现状对荷兰建筑师思维方式产生了影响，使建筑师对于密集度格外关注。MVRDV 工作室遵从了这个传统，以密集度问题作为研究和探讨的重点，并将相关理论应用于实际项目之中。

正如 MVRDV 工作室所说，由于人类仅拥有一个地球，密集度问题是一个重要的"生存策略"问题，我们必须找到一种方法利用空间。在 *FARMAX* 一书中，MVRDV 工作室进行了一系列的参数设计来实验提高密度的方法。通过从剖面的角度进行混合功能研究，按采光功能要求由高至低，依次放置居住、办公、商业和停车功能空间。根据分析计算，得出结论：同样层数的建筑，点式（塔式）单一住宅建筑相比办公和混合功能的建筑，容积率最低。容积率最高值 13.4 发生在功能混合、L 形金字塔状、街坊围合形式的建筑当中。

5.8.2 研究方法

（1）理想模型的建立

基于对密度实验的模式借鉴，本研究选取点式（塔楼）建筑组合、条形（行列式）建筑组合和围合式（庭院式）建筑组合为研究原型，结合紧凑城市对于小尺度街区和

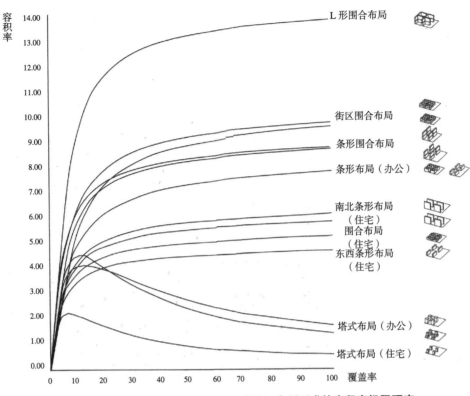

图5-16　MVRDV工作室对于不同建筑组合所形成的容积率极限研究

来源：Farmax—Excursion on Density [M].Rotterdam：010 Publishers.1999

近邻式开发的鼓励，理想模型选择小型的街区网格尺度：150m×150m。

　　建立3种容积率梯度：FAR=3、FAR=4、FAR=5；4种密度梯度：FSI=20%、FSI=30%、FSI=40%、FSI=50%；3种街区街道角度：A=0°、A=27.5°、A=45°。

　　（2）微气候模拟

　　分别进行冬夏两季模拟：风速、温度、PMV、光照辐射强度。

　　（3）重点研究3个矛盾问题

　　1）街区街道角度（A）

　　探寻夏季静风区在开敞空间占比、夏季PMV-A区在开敞空间占比、冬季PMV-A区在开敞空间占比三者是否存在平衡的建筑形体组合类型。

　　2）街区容积率（FAR）

　　探寻夏季静风区在开敞空间占比、冬季日照辐射值A区在开敞空间占比、夏季日照辐射值A区在开敞空间占比三者是否存在平衡的建筑形体组合类型。

　　3）街区平均层数（FL）

　　探寻夏季PMV-A区在开敞空间占比、冬季日照辐射值A区在开敞空间占比、夏季日照辐射值A区在开敞空间占比三者是否存在平衡的建筑形体组合类型。

理想模型构成一览表　　　　　　　　　　　　　　　　表 5-15

容积梯度	密度梯度	点式建筑单元			条形建筑单元			围合式建筑单元		
		A=0	A=27.5	A=45	A=0	A=27.5	A=45	A=0	A=27.5	A=45
FAR=3	15F（H=45m）20%									
	10F（H=30m）30%									
	7.5F（H=22.5m）40%									
	6F（H=18m）50%									
FAR=4	20F（H=60m）20%									
	13F（H=39m）30%									
	10F（H=30m）40%									
	8F（H=24m）50%									
FAR=5	25F（H=75m）20%									
	16.5F（H=50m）30%									
	12.5F（H=37.5m）40%									
	10F（H=24m）50%									

150m × 150m 网格街区

5.8.3 基于理想模型的环境模拟研究

由于理想模型样本模拟数量较大，组合类型较为庞杂，故本论文选择重点研究内容的部分呈现研究结果如下。

（1）研究一：选择街区总密度（容积率 FAR=3）不变的情况下，在密度变化，建筑高度变化，街道角度变化的情况下，探寻夏季静风区在开敞空间的占比、夏季

PMV-A 区在开敞空间的占比、冬季 PMV-A 区在开敞空间的占比是否存在平衡的建筑形体组合类型。

点式建筑单元模拟分析表　　　　　　　　　　　　　　　　表 5-16

FSI	H	夏季风速模拟（m/s）■0~1 ■1~2 ■2~3			夏季 PMV 模拟 ■0~1 ■1~2 ■2~3 ■3~4			冬季 PMV 模拟 ■0~-1 ■-1~-2 ■-2~-3		
		A=0	A=45	A=27.5	A=0	A=45	A=27.5	A=0	A=45	A=27.5
20%	45m									
30%	30m									
40%	22.5m									
50%	18m									

条形建筑单元模拟分析表　　　　　　　　　　　　　　　　表 5-17

FSI	H	夏季风速模拟（m/s）■0~1 ■1~2 ■2~3			夏季 PMV 模拟 ■0~1 ■1~2 ■2~3 ■3~4			冬季 PMV 模拟 ■0~-1 ■-1~-2 ■-2~-3		
		A=0	A=45	A=27.5	A=0	A=45	A=27.5	A=0	A=45	A=27.5
20%	45m									
30%	30m									
40%	22.5m									
50%	18m									

围合式建筑单元模拟分析表　　　　　　　　　　　　　　　　表 5-18

FSI	H	夏季风速模拟（m/s）■0~1 ■1~2 ■2~3			夏季 PMV 模拟 ■0~1 ■1~2 ■2~3 ■3~4			冬季 PMV 模拟 ■0~-1 ■-1~-2 ■-2~-3		
		0	45	27.5	0	45	27.5	0	45	27.5
20%	45m									

续表

FSI	H	夏季风速模拟（m/s） ■0~1 ■1~2 □2~3			夏季PMV模拟 ■0~1 □1~2 □2~3 ■3~4			冬季PMV模拟 ■0~-1 □-1~-2 □-2~-3		
		0	45	27.5	0	45	27.5	0	45	27.5
30%	30m									
40%	22.5m									
50%	18m									

通过对微气候模拟结果的综合对比观察分析，可得出如下结论：

1）点式建筑单元

从夏季风速模拟结果来看，在密度为20%时，街道角度增大对夏季通风情况有所改善，但随着密度的增大，角度增大对夏季通风变化趋势影响不明显；从夏季PMV的模拟结果来看，密度在30%和40%时，存在局部PMV值感受极差的区域（红色），随着角度增大，该区域有减少的趋势；从冬季PMV的模拟结果来看，在密度为30%和40%时，街区有较多室外区域可以获得较好的冬季PMV（红色区域）。

同时，从总体的静风区占比、PMV-A区的占比综合考虑，街区总容积率FAR=3，在密度（覆盖率）20%、30%，平均高度30m（约10层左右）的点式建筑单元构成的街区，街区角度为45°和27.5°时，可以获得夏季通风、夏季PMV舒适区和冬季PMV舒适区分布兼顾的状态，其区别是密度（覆盖率）20%可获得更好的夏季通风，密度（覆盖率）30%可获得更好的冬季PMV值。

点式建筑单元模拟分析表 表5-19

FSI	H	夏季风速模拟（m/s） ■0~1 ■1~2 □2~3		夏季PMV模拟 ■0~1 □1~2 □2~3 ■3~4		冬季PMV模拟 ■0~-1 □-1~-2 □-2~-3	
		A=45	A=27.5	A=45	A=27.5	A=45	A=27.5
20%	45m						
30%	30m						

2）条形建筑单元

首先，在密度（覆盖率）为50%时，矛盾呈现较为尖锐的情况，即街区整体获得了大量冬季PMV舒适区，但是也形成了大量的夏季静风区和夏季PMV不舒适的区域。总体来看，在密度（覆盖率）为 30%、40%，平均高度为 30m（约 10 层左右）、22.5m（约 7 层左右）的条形建筑构成的行列式街区，街区角度为 45° 和 27.5° 时，可以获得一个夏季通风、夏季 PMV 舒适区和冬季 PMV 舒适区分布兼顾的状态。

条形建筑单元模拟分析表　　　　　　　　　　表 5-20

FSI	H	夏季风速模拟（m/s）■ 0~1 ■ 1~2 ■ 2~3		夏季 PMV 模拟■ 0~1 ■ 1~2 ■ 2~3 ■ 3~4		冬季 PMV 模拟■ 0~-1 ■ -1~-2 ■ -2~-3	
		A=45	A=27.5	A=45	A=27.5	A=45	A=27.5
30%	30m						
40%	22.5m						

3）围合形建筑单元

对于围合形建筑单元而言，建筑密度越小，可获得的集中的绿地和公共空间越多，在 20% 和 30% 的密度区间，建筑高度为 15 层及 10 层左右的围合形建筑单元的内部庭院空间均可以获得适中的冬夏季 PMV 舒适区，街区角度为 45° 和 27.5° 时，外部街道空间的夏季通风情况更优。

围合形建筑单元模拟分析表　　　　　　　　　　表 5-21

FSI	H	夏季风速模拟（m/s）■ 0~1 ■ 1~2 ■ 2~3		夏季 PMV 模拟■ 0~1 ■ 1~2 ■ 2~3 ■ 3~4		冬季 PMV 模拟■ 0~-1 ■ -1~-2 ■ -2~-3	
		45	27.5	45	27.5	45	27.5
20%	45m						
30%	30m						

（2）研究二：选择街区建立 3 个总密度梯度（容积率 FAR=3、容积率 FAR=4、容积率 FAR=5），观察两种密度状态下（覆盖率 FSI=20%、FSI=30%）在街区角度 45° 时不变，不同街区类型中，基于容积率变化的微气候模拟变化是否与样本街区相关性分析结果一致。同时重点研究第二个矛盾：

　　探寻街区容积率（FAR）的变化下，夏季静风区在开敞空间占比、冬季日照辐射值 A 区在开敞空间占比、夏季日照辐射值 A 区在开敞空间占比是否存在三者平衡的建筑形体组合类型。

不同容积率建筑单元模拟分析表　　　　　　　　　　　　　表 5-22

FAR	FSI	H	夏季风速模拟（m/s）■ 0~1 ■ 1~2 ■ 2~3			夏季日照辐射模拟 ■高 ■中 ■低			冬季日照辐射模拟 ■高 ■中 ■低		
			点式建筑单元	条形建筑单元	围合式建筑单元	点式建筑单元	条形建筑单元	围合式建筑单元	点式建筑单元	条形建筑单元	围合式建筑单元
3	20%	45m									
	30%	30m									
4	20%	60m									
	30%	39m									
5	20%	75m									
	30%	50m									

　　通过对微气候模拟结果的综合对比观察分析，可得出如下结论：

　　1）对于点式建筑组合、条形建筑来说，随着容积率增加，对于风环境的影响不明显，但对于冬夏季日照辐射有一定影响，尤其是在容积率 5、建筑密度 20% 的范围内。

　　2）对于冬季围合式街区而言，对冬季日照辐射的影响较大，在容积率 2、密度为 20% 和容积率为 5 的围合式街区内，内院日照辐射值非常低。

　　（3）研究三：选择街区建立 3 个总密度梯度（容积率 FAR=3、容积率 FAR=4、容积率 FAR=5），观察一种密度状态下（覆盖率 FSI=20%）在街区角度与盛行方向一致时，不同街区类型中，基于容积率变化的微气候模拟变化是否与样本街区相关性分析结果一致。同时重点研究第二个矛盾：在街区平均层数（FL）的变化下，探寻夏季 PMV-A 区在开敞空间占比、冬季日照辐射值 A 区在开敞空间占比、夏季日照辐射值 A 区在开敞空间占比是否存在三者平衡的建筑形体组合类型。

不同高度建筑单元模拟分析表 表 5-23

FAR	FSI	H	夏季 PMV 模拟　　0~1　1~2　2~3　　3~4			夏季日照辐射模拟　　0~1　1~2　2~3　　3~4			冬季日照辐射模拟　　0~-1　-1~-2　　-2~-3		
			点式建筑单元	条形建筑单元	围合式建筑单元	点式建筑单元	条形建筑单元	围合式建筑单元	点式建筑单元	条形建筑单元	围合式建筑单元
3	20%	45m									
	30%	30m									
4	20%	60m									
	30%	39m									
5	20%	75m									
	30%	50m									

5.8.4 理想模型研究结论

通过高密度城市样本街区的气候模拟，发现在街区总密度（容积率）为 2~3、密度（覆盖率）20%~30% 的范围内，可获得较高的微气候综合得分。

结合各建筑单体形态类型的理想模型微气候模拟研究，基于紧凑城市的视角和高密度城市发展的需求，在更高的总密度（容积率）范围进行研究，可以获得进一步的结论：不同建筑单体类型，兼顾微气候因素考虑，其容积率实现的范围和受限因素各有差异：

（1）点式（塔式）建筑单体向较高容积率发展的受限因素主要体现在夏季风环境上，相对于条形建筑单元和围合形建筑单元的模拟结果，点式建筑群的街道夏季风速最低，同时，夏季 PMV 结果也相对较差。

（2）条形（行列式）建筑单体组合的夏季风环境和冬夏季 PMV 模拟的数值结果最优，在街区总密度（容积率）3~5、密度（覆盖率）30% 的范围内，夏季 PMV 模拟的结果最优，兼顾微气候考虑，容积率可实现范围最大。

（3）围合形（庭院式）建筑单体组合最大的受限因素在于冬季日照和夏季风环境。

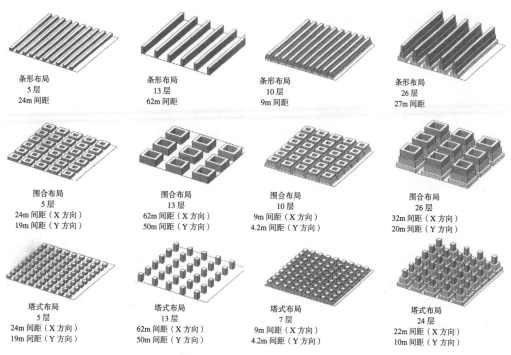

条形布局	条形布局	条形布局	条形布局
5 层	13 层	10 层	26 层
24m 间距	62m 间距	9m 间距	27m 间距

围合布局
5 层
24m 间距（X 方向）
19m 间距（Y 方向）

围合布局
13 层
62m 间距（X 方向）
50m 间距（Y 方向）

围合布局
10 层
9m 间距（X 方向）
4.2m 间距（Y 方向）

围合布局
26 层
32m 间距（X 方向）
20m 间距（Y 方向）

塔式布局
5 层
24m 间距（X 方向）
19m 间距（Y 方向）

塔式布局
13 层
62m 间距（X 方向）
50m 间距（Y 方向）

塔式布局
7 层
9m 间距（X 方向）
4.2m 间距（Y 方向）

塔式布局
24 层
22m 间距（X 方向）
10m 间距（Y 方向）

图 5-17 建筑布局类型示意图

5.9 核心结论总结

本研究的核心问题是：在不牺牲气候环境的前提下，什么样的城市形态或建筑组合形式可以应对高密度城市发展，实现最大化土地利用？针对核心问题，研究进一步细分为 3 个子问题：

问题一：在上海中心城区随机抽取 30 个街区样本，通过对街区样本形态要素指标的梳理和气候要素的综合模拟研究，利用微气候评估绩效，是否可以得出微气候导向下，高密度城市街区建设的适宜密度指标区间？

研究路径：

（1）样本街区的形态研究；

（2）样本街区的微气候模拟研究；

（3）街区微气候评估绩效。

核心研究结论一：

根据研究成果，初步归纳出高密度城市街区建设的适宜密度指标分布区间有两类。

（1）街区毛容积率范围 3～3.5 之间，建筑密度（覆盖率）范围 20%～30%，平均层数范围 12～15；

（2）街区毛容积率范围 1.5～2.5 之间，建筑密度（覆盖率）范围 20%～40%，平均层数范围 4～9。

问题二：通过城市形态要素和微气候要素指标的量化关联研究，是否可以揭示形态与微气候之间相互作用的规律？

核心研究结论二：

量化相关关系与作用规律。

（1）覆盖率（FSI）：该值的减小有利于夏季 PMV-A 区面积占比的增大。

（2）高度起伏度（FR）：该值的增加有利于夏季静风区在开敞空间占比的减小。

（3）建筑布局紧凑度全局 Moran Z 值（MZ）：该值的增加有利于冬季日照辐射值 A 区面积占比的增加。

（4）网络系统紧凑度（NC）：该值的减小有利于冬季日照辐射值 A 区面积占比的增加。

指标内部存在的矛盾性：

（1）对于街区街道角度（A）而言。该值的增大对夏季静风区在开敞空间的占比减小有利，对夏季 PMV-A 区在开敞空间的占比增大有利，但却对冬季 PMV-A 区在开敞空间的占比增大不利，从相关度的数值来看，对于夏季静风区在开敞空间的占比作用最大。

（2）对于街区容积率（FAR）而言，该值的增大对于夏季静风区在开敞空间的占比减小有利，却对冬季日照辐射值 A 区在开敞空间占比增加不利，对夏季日照辐射值 A 区在开敞空间占比的增加不利。从相关度的数值来看，对于夏季日照辐射值 A 区在开敞空间占比的作用最大。

（3）对于街区平均层数（FL）而言，该值的增大对于增加夏季 PMV-A 区在开敞空间占比平均值有利，却对冬季日照辐射值 A 区在开敞空间占比增加不利，对夏季日照辐射值 A 区在开敞空间占比的增加不利。从相关度的数值来看，对于夏季日照辐射值 A 区在开敞空间占比的作用最大。

问题三：利用形态和微气候相互作用的规律，通过进一步理想模型实验，是否可以在形态和微气候相互作用的指标矛盾内寻找到平衡点，获得平衡的指标区间，优化和丰富高密度城市街区城市设计模式语言，并扩充高密度城市街区建设的适宜密度指标区间？

核心研究结论三：

（1）通过理想模型的模拟研究，发现点式、条形、围合式建筑单元均可以在一定的角度、密度、平均高度等形态要素的调节下获得各气候要素值的兼顾，得出的适宜区间指标与核心结论一的指标区间一致。

（2）通过进一步提高容积率、覆盖率、平均高度，发现对于点式建筑组合、条形建筑来说，随着容积率增加，对于风环境的影响不明显，但对于冬夏季日照辐射有一定影响，尤其是在容积率 5、建筑密度（覆盖率）20% 的范围内。对于冬季围合式街区而言，对冬季日照辐射的影响较大，在容积率5、密度（覆盖率）20%的围合式街区内，内院日照辐射值非常低。

因而，在容积率变化下，尤其是高容积率区间，点式和条式建筑组合更容易实现室外夏季风环境和冬夏季日照环境的兼顾平衡。

不同建筑单体类型，兼顾微气候因素考虑，其容积率实现的范围和受限因素各有差异：

（1）点式（塔式）建筑单体向较高容积率发展的受限因素主要体现在夏季风环境上，相对于条形建筑单元和围合形建筑单元的模拟结果，点式建筑群的街道夏季风速最低，同时，夏季PMV结果也相对较差。

（2）条形（行列式）建筑单体组合的夏季风环境和冬夏季PMV模拟的数值结果最优，在街区总密度（容积率）3~5、密度（覆盖率）30%的范围内，夏季PMV模拟的结果最优，兼顾微气候考虑，容积率可实现范围最大。

（3）围合形（庭院式）建筑单体组合最大的受限因素在于冬季日照和夏季风环境。

综合以上各项微气候因素的分析，各建筑单体类型的适用区间如表5-24所示。

建筑单体类型适用区间 表5-24

	FAR=3		FAR=4		FAR=5	
	FSI=20%	FSI=30%	FSI=20%	FSI=30%	FSI=20%	FSI=30%
点式（塔式）	●	●	●	●		
条形（行列式）	●	●	●	●	●	●
围合形（庭院式）	●	●				

注：FAR-容积率 FSI-覆盖率

第6章 | 高密度街区城市设计策略总结

6.1 紧凑城市理念的发展内涵

1973 年，线性规划之父戈登在新奥尔良会议上发表的演讲中正式提出紧凑城市理念，认为紧凑城市是通过有效利用地上和地下空间及空间的四维尺度来获得更多的使用空间、交通便利和可达性，阐述了采用紧凑城市理念的原因，列举出紧凑城市所具备的 17 个优点，并进一步探讨了通过促进城市垂直空间和时间维度的高效利用，来抵制城市扩张中的低效开发。

1987 年可持续发展思想的提出广泛影响了人类对世界、城市、生活的新认知，其中："生态城市"理论、"生态足迹""紧凑城市"（Compact City）等都是以生态问题为出发点而提出来的发展模式思考。

20 世纪 90 年代之后，"紧凑城市"（Compact City）被西方国家普遍认为是一种可持续的城市增长形态。

在 20 世纪 90 年代以来，国际规划学术领域出现了大量紧凑城市相关的概念和内涵探讨：

紧凑城市研究学者布雷赫尼（Breheny, 1992）在对比了集中论、自由主义的小镇填充论以及分散论等几种城市研究观点后指出，紧凑城市的提议中存在着一个主要的矛盾：既希望实现"绿色城市"，又要对城市现有土地资源进行更密集的开发。他认为，欧共体公布的《城市环境绿皮书》（CEC，1990 年）是迄今为止，对"紧凑城市"理念阐释最为清楚、最具启发性，也是最有意义的文章，该报告提及："在可持续的城市形态中，密集的形态很重要，发展密集的城区可以节约很多土地资源……通过提高密度，现有城区内的建设将有可能促进可持续发展，虽然这样的收效是有限的"；"紧凑城市的依据并不局限于能源消耗和废气排放量的环保标准，还包括生活质量方面的依据。"其目标在于"避免因城市边界的不断延伸而逃避城市现在所面临的问题；应在其现存的边界内解决城市问题。"

杜安尼和齐伯克（1991 年）以及城市村庄小组（1992 年）的研究都表明，通过对不同密度的空间进行有效综合利用开发，可在追求高质量的生活方式与温和的节能设计方案，以及严格规划的开阔空间之间找到某种平衡。

回溯紧凑城市的核心理念，对于高密度城市形态设计的启示可提炼为以下三个维度的核心内涵。

6.1.1 城市形态密集化

"城市密集化"在城市形态的学术讨论中一直被广泛使用，但通常与某种"使一个地区更加紧缩的过程"相联系在一起。洛克（1995）把"密集"解释为："在开辟绿地之前，能使我们最充分地利用城市土地的过程"；纳西（1994）将其描述为鼓励对"已经发生了工业对自然界侵犯的地方"进行开发的过程。罗塞思（1991）把密集化看成是一个城市"巩固"的过程，这种巩固他解释为"人口或房屋数量在有限城区内的增长"，正如许多学术讨论所揭示的"密集化"的含义：紧凑城市形态和可持续发展之间的联系恰恰取决于城市中建筑和人口的密度。

"密集"和"巩固"事实上已经成为许多国家的城市发展策略，通过这些策略来达成更紧密的建设和土地利用。在澳大利亚《国家住宅战略》（1992）中，就将"巩固""密集"以及"紧缩"这几个词互相替换使用，用来描述高密度开发和城市发展计划。

在英国，环境部有关密集化的研究表明，这一密集化过程其实包括许多现象，他们从建筑形式和建筑活动两方面给密集化下了定义，首先在建筑形式方面包括：对现有建筑或在已开发地区进行提高密度的改建；建筑细分和改造；对既有建筑进行增建或扩建；对城市未开发土地进行高密度开发。其次在建筑活动方面包括：提高对现有建筑和场所的利用率；改变利用方法增加居民活动；某一地区提高居住人口、工作机会和交通使用频率。

6.1.2 形态精细化

紧凑城市的发展对于设计提出更高的要求和挑战：密集的城市形态必然是可取的，但必须采取措施提高城市空间品质，并结合其他措施改善密度过大带来的问题。

对于紧凑城市的实现形式，一个重要的研究方向是进一步从城市物质空间的结构、形态和设计语汇来进行研究探索，如学者科米迪尔（2009）主张对城市进行更细致周密的设计，这其中不仅包含对于空间结构层次、街区尺度的设计，还包括具体的建筑形体、公共空间的尺度和布局设计。

高密度发展对于公共交通利用、提升城市空间活力和突出城市特色是有利的，但对于居住来说，往往是容易产生负面影响的，尤其是设计不佳的群体性塔楼建筑。然而，高品质的城市设计可以提升居民的幸福感。高品质城市设计对于紧凑城市而言尤为重要，可以缓解许多高密度建设带来的负面影响。

荷兰代尔夫特大学的鲁比·乌伊滕哈克斯（Ruby Uytenhaaks）教授出版的论著《城市充满空间》，认为高密度开发势必造成城市空间品质的降低，城市设计及建筑设计能够并应该致力于弥合这种品质缺失，通过减少消极空间效应和建立诱导性补偿措施，探索城市结构中"密度"的潜能和特质，从而创造一种高品质的室内外空间环境，强调致密化、集约化、混合利用和可持续性，是高密度城市发展的重要趋势。

新建有吸引力的理想高密度城市，可以为世界上日益增长的城市人口提供除了郊区生活和高楼大厦以外的另一种选择，为创建类似的社区，城市建设者需要立足于成功的高密度开发设计视角来探索紧凑性和相邻性的益处。成功的高密度开发下的生活环境必须为居住者提供舒适的条件，比如步行可及的工作距离，极佳的视野，靠近配套服务设施的选址，文化、休闲和娱乐场以及其他令人兴奋的生活元素。这些城市的"宜居资产"是相对必要的，它们能促使人们将选择生活的天平倾向于现有城市区域中的高密度开发社区，而不是之前未开垦土地上的郊区生活方式。

对都柏林新开发的居民区研究发现，街区设计形成的空间形态对感知密度的影响作用比总体密度值的影响作用更为重要。因此，通过良好的城市设计，在客观密度不变的情况下，可以降低"感知密度"。以色列的相关学者研究发现，在客观密度相同的情况下，邻里组团的尺度较小，并通过开放空间与其他邻里分离，或有一个起伏的地形时，感知密度较小；英国的相关学者研究发现，建筑的形式与分布会影响居民对密度的感知，尤其是在对建筑之间的空间、开放空间的比例、建筑高度和布局的调整后显现，对同一建筑用地的感知密度随植被量增加会下降。

同时，城市的开敞空间和绿地是紧凑城市设计需要重要考虑的因素，公共空间拥有精良设计并提供高品质服务时，人们对于密度的感知是积极的，如何在有限的城市土地资源中，来确保足够高效利用的开放空间，需要采取一系列措施。其中一个解决办法是与已有的开放空间相连接。例如巴黎市的城市规划和可持续发展计划（2011），强调绿色走廊的发展，同时使用土地利用区划管制，保护绿地空间；美国波特兰市也正在将现有的公共空间系统与周围环境更好地连接，重构并改善波特兰现有的公共空间。反观开敞空间和绿地的需求，在有限的土地内，通过更紧凑和细致的建筑布局规划，腾出地面空间也是重要的保障策略。精心设计和管理良好的公共空间，是城市宜居和可持续发展的重要资产。

在高密度城市，有吸引力的街道景观和对街道的更好利用也是提升城市空间品质的途径。波特兰正在移除一些单行路段以恢复道路层次，从而为居民创造更独特的社区，并增强零售和其他商业活动的可见性。荷兰学者萨林卡洛斯教授（Salingaros）认为，紧凑城市不只是起到遏制城市无序扩张的作用，而且也是更具根本性的方案：给人以紧凑城市印象的超高密度巨大城市并不是人们所期望的;小规模、中等密度的紧凑开发,对于自然的接近性、充分体现历史性和地区文化的环境,符合人性尺度,并能够营造高品质生活的紧凑型城市才是人们所期望并值得探寻的。

6.1.3 建设内涵生态化

紧凑城市的发展通过促进密集和邻近开发可以减少都市区尺度上的能源消耗,然而高密度建成区的进一步开发会导致能源需求无法满足的问题,许多研究考察了提高建筑物的能源性能和遏制电力需求的能源模型和技术,并发现了显著的节能潜力,这意味着绿色建筑的实践可以减少由紧凑城市发展带来的局部能源增加。

贝尔曼(Berman)认为,紧凑城市的建设应实施以环境及生态为基础的开发形式。事实上,从城市设计的层面,完全可以通过适当的城市空间结构设计(建筑和街道)促进城市中的空气流通,可减少热岛效应并提高步行环境的质量,与之相关的设计可提高城市环境的通透性,其基本要点是在街道空间减少屏风效应,尤其是注意盛行风向和风速。

紧凑城市由于建筑强度和密集度的提升可能会加重城市热岛效应,有多种挑战性研究意见给出:

(1)由于植被减少和城市材料性能的改变导致城市表面的变化,建筑环境对城市温度的升高有着重要作用,这是当地植被和自然表面移除以及吸热表面(深色屋面、人行道)增加的综合影响,随着硬质铺装覆盖的建筑、道路、场地表面的增加,这些材料由于低反射率、高热辐射和热容量,会大量吸收阳光并重新辐射热量。

(2)紧凑城市形态,尤其是建筑物的间距和开放空间不足也可能会加重热岛效应,这是因为它们影响风的流动和能量的吸收,虽然密集的建设可帮助减少热损失,但建筑物相邻的外立面却形成一堵"墙",阻碍城市的空气流通。高层建筑林立会在道路两侧形成"城市峡谷",太阳能辐射被反射到邻近的建筑外墙,会导致热量被吸收而不是释放到空气中;窄而狭长的街道往往会滞留住空气污染物,尤其是在行人所处的街道底部空间。

基于以上考虑,紧凑城市设计对于城市街区开发的生态内涵考虑显得更为重要,中国香港发布的《可持续的生活空间指引》文件就力图引导促进更好的空气流通以缓解热岛效应,改善行人空间,以及提供更多的绿地。文件中强调了与街道和开放空间尺度相适应的建筑立面长度和宽度的详细规定,并提出高于60m的建筑应适当分离的特别规定。

在街区尺度上,可建立一个设计标准,包括合理的道路形态、建筑高度、街道宽度以及建筑间距的标准,这些标准可以整合在开发导则、土地利用分区规定和区划管理条例中。

6.2 设计策略与实践案例分析

基于以上对于紧凑城市设计内涵的反思与提炼，结合既有研究成果和结论思考，本研究对于实践层面总体设计策略的考虑从空间结构与密度相关指标架构、街区空间形态设计、城市生态气候三方面展开。

6.2.1 密集化开发——高密度城市街区分级指标体系建构与多元空间形态类型的植入

紧凑城市对于密集的提倡是基于减少交通、促进功能多样复合，从而提升街区功能场所的使用频率，但是，结合第 5 章节对于微气候环境的研究，通过对于低层密集的街区形态研究可发现：单一功能、均质的密集，不仅无法体现紧凑城市理念的优势，而且会对微气候环境造成不利的影响。所以，单纯依靠提升街区的建筑密度来实现密集开发是不现实的。

事实上，通过合理的密度调控和街道角度变化，利用超高层建筑和高层建筑的合理空间布置，增加建筑高度起伏度的变化，在高容积率高强度开发的街区也可以塑造产生更优的微气候环境（见第 5 章对于城市形态指标和微气候指标相关性的研究）。因而，密集与邻近的开发模式，对于土地紧张的高密度城市而言，应该从高开发强度指标的多层级制定和多样密集化开发组合形态类型的选择切入，进行总体空间设计。

案例一：天津于家堡金融起步区城市设计（SOM）

于家堡金融起步区位于天津塘沽海河河岸，在渤海工业港口与天津市区之间。规划定位为世界级城市商业和贸易中心。其城市设计特点在于近邻式开发、多样交通体系、步行友好、多样化、智能基础结构。本研究重点关注其总体开发强度 - 密度体系的建构、街区城市形态及其建筑体量布局、街区网络尺度，从而进一步探寻其对于高密度开发的形态实现策略。

街区总体指标设计考虑了不同地块的功能需求，根据不同功能和空间规划制定容积率分级：超高强度容积率＞ 20，高强度容积率 10 ~ 20，中高强度容积率 5 ~ 10，中强度容积率 3 ~ 5；其中办公功能容积率区制定范围在 6 ~ 16，公寓功能容积率区制定范围在 7 ~ 23，中强度容积率的功能主要是公共服务设施。

建设强度梯度设计与总体建筑空间形态架构设计融为一体：从总体空间形态来看，空间体量呈现北高南低、滨水低内部高的形态，同时协调了对于滨水空间的尊重和对于商务区核心形象的塑造；通过将各个地块的高层塔楼错落布置，考虑滨水视线和建筑高度起伏度，提升景观视线和生态要素向街区内部的渗透性，实现景观视线和滨水

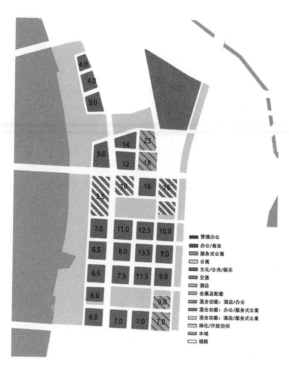

图6-1 用地容积率一览表

来源: https://wenku.baidu.com/view/f77ee1e0a1c7aa00b52acb34.html

图6-2 滨水效果图

图6-3 总平面图

来源: https://wenku.baidu.com/view/f77ee1e0a1c7aa00b52acb34.html

气候设计需求的兼顾；街区网格大小为 100m×100m，通过缩小街区规模，缩短街区之间的步行联系尺度，并在街道边界设置公共服务设施和步行引导系统，充分体现小尺度街区对于密集和近邻式开发的考量。

　　从单一地块的设计策略来看，每个地块的小尺度单元，其开发强度的实现完全依赖于每个地块的单一塔楼，街道界面的建立是完全由低层裙房建筑形成的"街墙"构

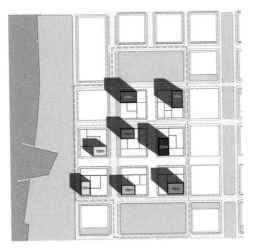

图 6-4　街区塔楼布置位置图

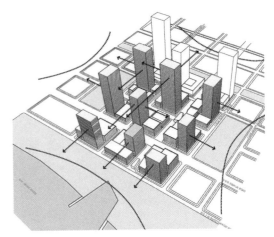

图 6-5　兼顾视线和气候的体量策略

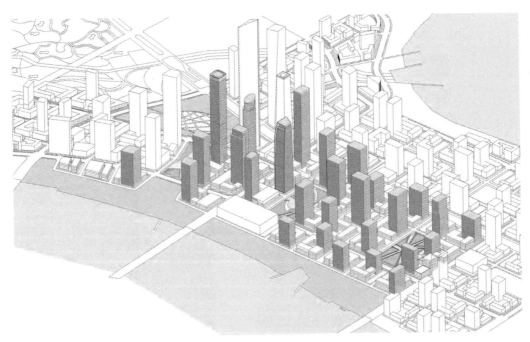

图 6-6　街区整体建筑空间形态示意图

来源：https://wenku.baidu.com/view/f77ee1e0a1c7aa00b52acb34.html

成的，这体现了在小尺度街区内实现高密度的智慧，即通过塔楼位置的精心布置，将超高层建筑之间和高层建筑之间由于规划要求和生态气候要求的间距化解在街区之间的道路空间之中，同时将低层建筑开发与高层建筑合为一体，也节约了高低层建筑之间所需的间距。

案例二：深圳前海启动区城市设计（James Corner Field Operations）

深圳前海启动区位于深圳前海新区核心区，定位为世界级创新中心、国际城市

CBD。在2011年的国际公开竞赛中，James Corner Field Operations事务所获得第一名。高密度密集开发是其设计理念的重要特点之一。在总体设计分析之初，城市设计对于总体容积率和密度体系的制定进行了多方案研究，在总体设计中，探讨不同的容积率、密度、建筑组合形态，综合考虑滨海、生态、公共活力等多维度因素，并制定出3个梯度的总体规划指标：（1）创意中心区：街区总容积率5，开放空间率20%；（2）高密度市区：街区总容积率3，开放空间率40%；（3）滨水港口园区：街区总容积率2，开放空间率50%。

图6-7 总平面规划图

图6-8 总体空间形态效果图

来源：http://fmddd.com/portal.php?mod=view&aid=251

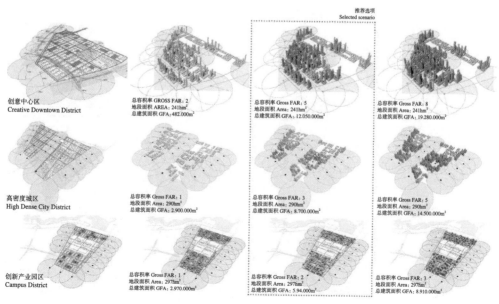

图6-9 总体规划指标的多方案探讨

来源：http://fmddd.com/portal.php?mod=view&aid=251

同时，启动区核心区共划分了 7 个高混合密集区，以其中开发强度最大的商业核心区为例，其街区网格尺度为 120m×96m，通过高层建筑的分散错落布置和裙房的围合布局，实现高强度开发、紧凑多样的小尺度街区布局模式。

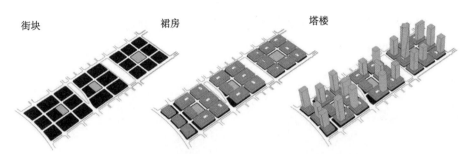

街块　　　　　　裙房　　　　　　塔楼

图 6-10　商业区街区尺度及建筑布置组合形态
来源：http://fmddd.com/portal.php?mod=view&aid=251

案例三：上海苏州河两岸城市设计（Sasaki）

上海苏州河两岸位于上海市中心，是长达 12.5km 的一线河滨区。Sasaki 在上海静安苏州河两岸城市设计国际设计竞赛中夺得第一名，设计充分兼顾上海中心城区城市更新的高密度发展和提升滨水空间活力的双重意义，并塑造出不同开发强度下多样的街区空间。

图 6-11　总体鸟瞰图
来源：https://www.gooood.cn/suzhou-creek-shanghai-by-sasaki.htm

图 6-12 总平面规划图
来源：https://www.gooood.cn/suzhou-creek-shanghai-by-sasaki.htm

总体设计结构上，建立了不同强度的开发密度梯级：高密度开发街区集中靠近重要的交通枢纽，远离滨水空间；中低密度开发街区则结合既有建筑和重要的公共开敞空间节点进行布置，自滨水岸线向中心区域形成建筑高度、体量的自然梯度变化，同时也兼顾了滨水景观和生态气候因素的渗透性考虑。

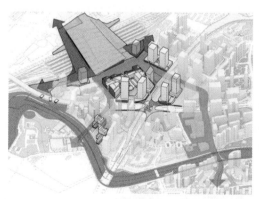

图 6-13 高密度开发区域与中低密度区域空间示意图
来源：https://www.gooood.cn/suzhou-creek-shanghai-by-sasaki.htm

6.2.2 小街区、密路网的形态和建筑形体组合的设计——依托小尺度街区的缩微化城市设计

20世纪90年代，新城市主义理论倡导回归以人为中心的紧凑小街区密路网城市框架，提倡街道界面的控制与街道空间整体性的促进，以更狭窄的街道空间尺寸、更精细高效的空间利用设计，重新构建街道与建筑之间的相互联系和连续。

在高密度城市空间中，建立小尺度人性化的街区网络，有利于提升街区的步行可达性，同时，在城市中适当地建设着有着更为紧密的街道网络和多种活动的小型城市街区，在这种形式下，城市的活力将会提高，城市中心或者新城的建设也将更为顺利，其综合优势在紧凑城市设计部分已详细讨论。从风环境研究章节的总体指标统计数据的分布来看，街区网格尺度越小，夏季静风区面积占开敞空间的面积更小，同时，夏季日照辐射A区占比较高的街区也相对分布在较小尺度街区范围内。（见章节5.2、5.4）

依托小尺度街区实现高密度城市开发，易于实现缩微化、精细化的设计目标，需要在不同的容积率和密度条件下，进行多样街区单元空间类型的推演，在街区尺度内探索紧凑城市的实现方式。

案例一：美国波特兰城市核心区规划（SOM）

美国波特兰的城市空间是小街区、密路网规划的典型，也是可持续规划的空间典范，通过在核心区进行高密度高强度的土地开发，实现土地的集约利用，提高人口密度，增强城市活力。

波特兰自1995年起制定"2040增长概念"，提出强调紧凑、步行友好和支持公交出行的开发模式，通过逐步调整土地利用、交通规划和各个区域功能规划，该城市已经从战后的低密度、小汽车依赖发展模式逐步转变为高密度、紧凑开发的模式，该地区的密度已经从1998年的每平方英里3000人，增加到2010年每平方英里4000人。

"填充式开发"（Infill Development，在已开发的地块上建设更多的单元）和"再开发"（Redevelopment，拆除建筑并重建）的比率已经成为衡量一个地区紧凑化趋势的重要指标。波特兰将上述两种方式均称之为"填充式开发"（Refill），2009年，都市区新的工业用地开发的填充率是20%，对于非工业用途的土地，52%的新开发是在已建设的土地上发生的。

城市核心区面积为11.13km^2，60m×60m是波特兰经典的街区尺度，在美国的大城市中也是最小的。波特兰路网密度为25km/km^2，街道面积占总用地的40%，由街道与公共空间构成的开敞性用地占城市用地的50%。60m的街区尺度有利于土地的高强度开发，容易形成紧凑、可步行、宜人的城市空间。

中心区 0.36hm² 的街区和地块　　　　　中心区大于 0.36hm² 的街区和地块

图 6-14　总体规划图

来源：美国 SOM 事务所

案例二：广州琶洲城市设计（华南理工大学设计研究院）

广州琶洲城市设计是基于紧凑集约、高效绿色的小街密网理念下的创新实践。在街道空间一体化设计方面，城市设计从基础尺寸、影响要素、设计目标方面提出了明确要求。在 CBD 区域街区采用 80m×120m 的小街区密路网的街道布局模式，将路网密度由 11.07km/km² 提升至 12.9km/km²。

以琶洲大街东为例，其街道空间为 6 车道、两侧 6m 建筑退距、建筑骑楼积极界面组成的 34m 断面，这一基础空间尺度较国内 CBD 地区主要街道空间有较大缩窄，但仍较其他国际成功 CBD 地区的主要街道空间宽敞。

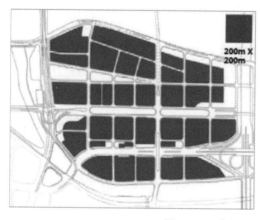

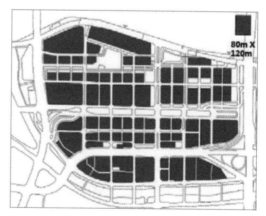

图 6-15　广州琶洲新区地块尺度示意图

来源：吕颖仪 . 高效协作、步行友好的公共空间——琶洲西区小街密网街道一体化设计管控实践 [J]. 建筑技艺，2021，27

（03）：26-29.

案例三：深圳前海城市设计

前海规划布局采用小地块以适应不同的开发模式。前海片区共 430 块综合发展用地，其中面积在 7000m² 以下的用地占总数的 47%；面积在 5000m² 以下的用地占总数的 14%。桂湾片区综合发展地块共 115 个，其中超 50% 的地块用地面积在 7000m² 以下。

商业及办公地块大小约 5000 ~ 10000m²（50m×100m ~ 100m×100m）；居住地块大小约 10000 ~ 40000m²（100m×100m ~ 200m×100m）。

街坊是前海开发单元空间控制的基本单位，一般包含 3 ~ 8 个地块，具有一定的混合功能，周边以道路为边界。前海规划 102 个街坊，每个街坊用地面积约 3 万 ~ 5 万 m²，建筑面积大约 30 万 ~ 50 万 m²，每个地块约 0.5 万 ~ 0.9 万 m²，街坊内部支路宽度 16 ~ 18m。街坊采用小尺度的地块划分方式，易于形成高密集性、多变化、富有活力的开放街区。

前海采用高密度路网布局模式，以骨干路网为基底，规划高密度的支路网体系。共规划道路长度约 169km，路网密度约 12km/km²，支路网密度为 7.2km/km²，与曼哈顿地区相近。道路设计融入宁静交通理念，全面保障慢行空间，提升慢行品质。

6.2.3 建立气候适应性因素的设计考量——考虑通风、温度、采光等环境舒适性因素作用

在概念设计之初就充分考虑生态环境和气候因素，将风、热、光环境考虑与设计结合，譬如在总体规划设计中，结合景观和视线通廊，预留通风廊道，以及通过建筑形体形成风道的引导，采用建筑形体的退台和切削等手法，以实现更优的光环境等，都是将环境舒适性作为前置条件进行设计思考的重要模式。

以中国香港为例，对于空气环境质量下降的解决办法，考虑在大型建筑中设计更多的空隙，使城市空间达到更好的通风状态。并增加"空中花园"，通过这种立体化的"城市绿洲"，进一步改善局部的微气候，此外可在建筑中设计更多的雨水收集器，结合海绵城市理论的应用，以实现立体城市的绿色高品质发展。

另外还存在一种通过微气候模拟反作用于设计的模式，即在概念设计阶段和多方案比较阶段进行城市街区的微气候模拟，来反推合理的城市设计形态或优化总体空间布局，在实践层面上，已有大量实施案例。

案例一：香港西九龙文化区城市设计（Foster+Partners）

香港西九龙文化区面积约 40hm²，定位为综合文娱艺术区，Foster 事务所的城市设计特点主要体现在空间布局的"一紧一松"，在与九龙老区相连的地块建立紧凑街区，充分体现城市性，并将公共配套文化建筑布置在滨水区域，将滨海公园彻底回归自然。

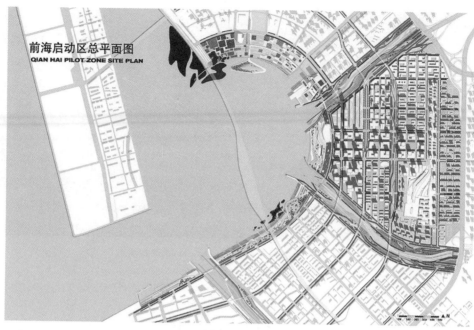

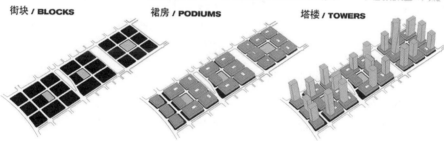

街块 / BLOCKS　　　　裙房 / PODIUMS　　　　塔楼 / TOWERS

- 街块尺寸：120m×96m
  BLOCK SIZE

- 分割成三个城市组团
  3 URBAN PARKS

- 底层服务入口和街面停车
  SERVICE ENTRY+ ST PARKING

- 裙房高24m,主要布置商业零售功能
  24m PODIUMS: COMMERCIAL+RETAIL

- 裙房顶布置屋顶花园和室外活动场地。
  ROOF GARDENS
  +OUTDOOR ACTIVITIES

- 塔楼高140 - 300 m 不等
  140-300m TOWERS

- 塔楼交错布局避免视线遮挡.
  LAYOUT TO MAXIMIZE VIEWS

- 塔楼形式变化多端
  DIVERSE TOWER FORMS

图 6-16　深圳前海新城规划示意图

来源：http://qh.sz.gov.cn/sygnan/xxgk/xxgkml/ghjh/fzgh/content/post_9092291.html

图 6-17　香港西九龙总体设计模型

来源：https://wenku.baidu.com/view/74b6a89b49649b6648d7477b.html

图 6-18　生态及气候因素作用下的总体布局
来源：https://wenku.baidu.com/view/74b6a89b49649b6648d7477b.html

案例二：上海世博 A 片区城市设计（华东建筑设计研究院）

上海世博 A 片区位于会展商务区内永久保留项目一轴四馆东侧，该区域定义为"世界级工作社区"，计划引入有影响力的总部办公。

整体规划结构由内而外分别为绿谷综合商务带、总部商务聚集带和生态功能带。A 片区将被打造成为具有世界影响力的中央商务区，结合"世界级工作社区"的理念，提供人性化的配套设施，同时也使世博会场址得到有效合理的利用。项目采用"整体设计、整体开发、整体运营"的思路，在整体设计之初就确立了绿色整体街区的设计目标。

利用微气候模拟先后进行了多轮模拟反推优化设计的环节：通过风环境模拟，利用建筑布局、建筑自身结构、绿带绿庭区域，尽可能消除涡流。进行错落建筑布局的优化，使绿谷风速提高约 1m/s，有利于该区域在夏季存留有适宜于人员舒适性的微风。

通过日照模拟，进行形体反推调整，增加部分楼层的自然采光；夏季能更多地避免人行区和建筑室内接受的太阳直射。

案例三：深圳南山后海区城市设计（中国城市规划研究院）

深圳南山后海区是经填海造陆形成的新的城市开发区，规划总用地面积 2.26km²，总体定位为融合多元功能的城市滨水中心区。进行高强度、密路网的开发，打造完善的步行网络是该项目城市设计制定的重要目标。

通过对街区尺度、高层建筑整体分布的研究，并对地块内建筑组合类型进行多方案推演，同时结合微气候模拟的反推，进行整体城市设计的优化分析。

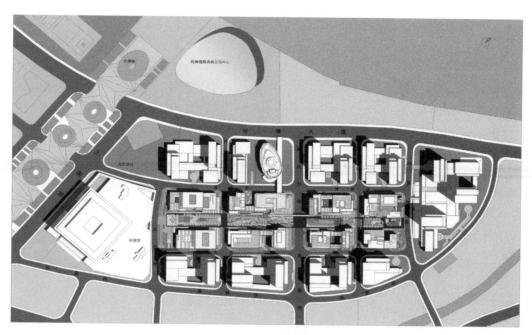

图 6-19　总平面图
来源：华东建筑设计研究院

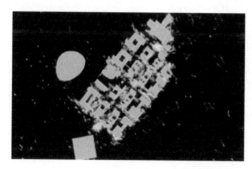 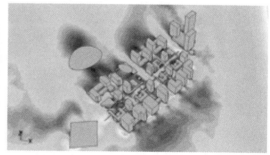

图 6-20　风环境及气流模拟
来源：华东建筑设计研究院

图 6-21　整体街区日照模拟
来源：华东建筑设计研究院

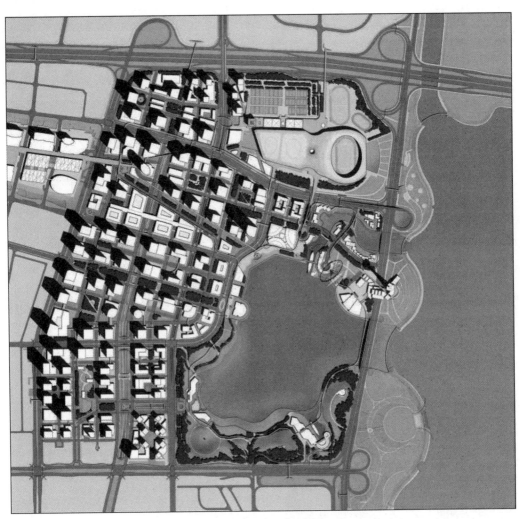

图 6-22　总平面规划图
来源：中国城市规划研究院

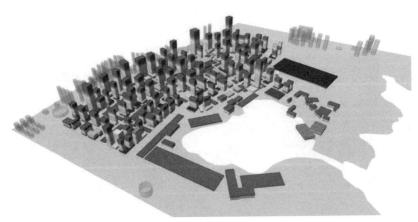

图 6-23　整体建筑高度研究
来源：中国城市规划研究院

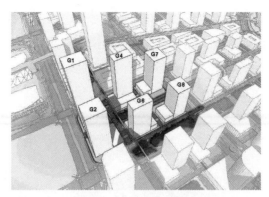

图 6-24 街区地块内建筑组合类型
来源：中国城市规划研究院

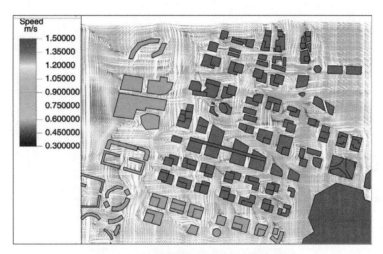

图 6-25 街区整体场地风环境模拟研究
来源：中国城市规划研究院

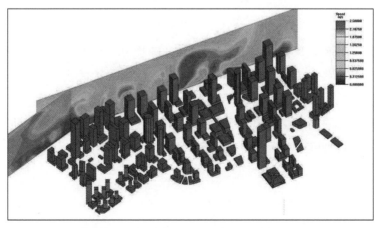

图 6-26 街区整体立体空间风环境模拟研究
来源：中国城市规划研究院

案例四：济南CBD中央商务区绿色低碳规划专项设计（华东建筑设计院）

济南中央商务区规划范围为北至工业南路、南至经十路、西至洪山路、东至奥体西路，总用地约3.2km²，设计定位为全国省会城市圈改革升级示范区的核心。济南CBD的整体形态策略为在场地中心创造一个高层塔楼群，中心布置区域公园。

图6-27　建筑体量空间策略

来源：华东建筑设计研究总院

在规划设计之初，就在街区总体空间设计中预留了通风廊道，同时，根据总体的采光分析，针对性地对不同区域、不同建筑进行窗墙比优化，改善自然采光舒适度、降低建筑物能耗。

根据不同位置的建筑群阴影、不同建筑群的建筑立面阴影，设置遮阳分区，最大限度利用建筑之间的相互遮挡进行自遮阳。

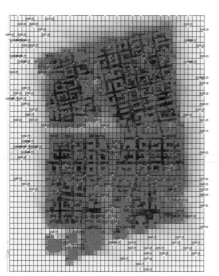

图 6-28　总体通风廊道设计
来源：华东建筑设计研究总院

图 6-29　总体日照模拟
来源：华东建筑设计研究总院

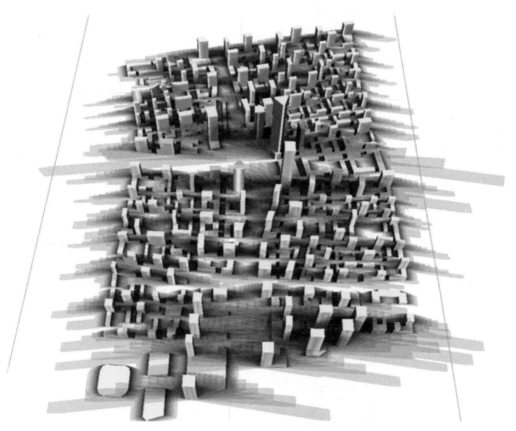

图 6-30　总体建筑阴影模拟
来源：华东建筑设计研究总院

附录一：实证研究样本案例

实证研究样本案例信息一览表（上海中心城区）

	01	02	03	04	05	06	07	08	09	10
形态取样										
空间模型										
毛容积率	4.2	2.9	2.0	0.9	2.0	3.5	1.6	1.2	2.7	3.7
毛覆盖率	43%	41%	39%	37%	43%	25%	36%	33%	25%	34%
平均层数	10	7	5	3	4	14	4	3	11	11
全局Moran类型	C3 Z=1.759	R Z=1.129	C2 Z=2.257	C1 Z=7.742	C2 Z=2.313	C2 Z=2.442	R Z=1.482	C2 Z=2.017	R Z=0.034	C1 Z=3.269

续表

	11	12	13	14	15	16	17	18	19	20
形态取样										
空间模型										
毛容积率	3.1	3.4	1.8	2.3	1.5	2.1	1.2	1.3	3.9	4.1
毛覆盖率	27%	30%	26%	26%	22%	32%	29%	29%	22%	39%
平均层数	11	11	7	9	7	6	4	5	18	11
全局Moran类型	C2 Z=2.018	C1 Z=3.226	C3 Z=1.945	R Z=0.997	C1 Z=2.667	C2 Z=1.985	C1 Z=5.911	C1 Z=2.017	C1 Z=3.173	C1 Z=4.217

续表

	21	22	23	24	25	26	27	28	29	30
形态取样										
空间模型										
毛容积率	3.6	3.1	1.4	3.4	2.2	3.1	1.4	2.5	1.8	1.8
毛覆盖率	29%	22%	29%	36%	31%	19%	21%	32%	26%	22%
平均层数	13	14	5	10	7	16	7	8	7	8
全局Moran类型	C1 Z=4.457	C1 Z=4.946	C1 Z=4.242	C1 Z=2.983	C2 Z=2.254	C2 Z=2.306	C1 Z=4.428	C1 Z=5.016	R Z=0.94	C1 Z=2.968

来源：作者根据样本信息自绘

附录二：样本环境模拟研究

一、样本街区风环境模拟研究

（一）低层街区

街区名称	街区总密度	覆盖率	夏季（室外风环境速度云图及气流方向矢量图）	冬季（室外风环境速度云图及气流方向矢量图）
4- 豫园	1.32	37%		

（二）条状街区

街区名称	街区总密度	覆盖率	夏季（室外风环境速度云图及气流方向矢量图）	冬季（室外风环境速度云图及气流方向矢量图）
15- 长清路	1.36	22%		

街区名称	街区总密度	覆盖率	夏季（室外风环境速度云图及气流方向矢量图）	冬季（室外风环境速度云图及气流方向矢量图）
018- 静安寺	1.16	29%		

（三）开放式街区

街区名称	街区总密度	覆盖率	夏季（室外风环境速度云图及气流方向矢量图）	冬季（室外风环境速度云图及气流方向矢量图）
014- 漕溪北路	1.78	26%		
029- 蓝村路	1.77	26%		

续表

街区名称	街区总密度	覆盖率	夏季（室外风环境速度云图及气流方向矢量图）	冬季（室外风环境速度云图及气流方向矢量图）
030- 东方路	1.47	22%		

（四）封闭式街区

街区名称	街区总密度	覆盖率	夏季（室外风环境速度云图及气流方向矢量图）	冬季（室外风环境速度云图及气流方向矢量图）
013- 肇嘉浜路	1.37	26%		
016- 华山路	1.23	32%		

续表

街区名称	街区总密度	覆盖率	夏季（室外风环境速度云图及气流方向矢量图）	冬季（室外风环境速度云图及气流方向矢量图）
023- 中兴路	1.12	29%		
025- 中兴路	1.82	31%		

（五）密集条状街区

街区名称	街区总密度	覆盖率	夏季（室外风环境速度云图及气流方向矢量图）	冬季（室外风环境速度云图及气流方向矢量图）
007- 淮海中路	1.34	36%		

续表

街区名称	街区总密度	覆盖率	夏季（室外风环境速度云图及气流方向矢量图）	冬季（室外风环境速度云图及气流方向矢量图）
008- 常熟路	1.77	33%		
017- 江苏路	1.35	29%		

（六）密集街区

街区名称	街区总密度	覆盖率	夏季（室外风环境速度云图及气流方向矢量图）	冬季（室外风环境速度云图及气流方向矢量图）
003- 老西门	1.84	39%		

续表

街区名称	街区总密度	覆盖率	夏季（室外风环境速度云图及气流方向矢量图）	冬季（室外风环境速度云图及气流方向矢量图）
005-小南门	1.66	43%		
002-南京西路	2.01	41%		

（七）超密集街区

街区名称	街区总密度	覆盖率	夏季（室外风环境速度云图及气流方向矢量图）	冬季（室外风环境速度云图及气流方向矢量图）
012-大木桥路	2.39	30%		

街区名称	街区总密度	覆盖率	夏季（室外风环境速度云图及气流方向矢量图）	冬季（室外风环境速度云图及气流方向矢量图）
024- 通州路	2.82	36%		
010- 嘉善路	2.57	34%		
020- 武定路	2.97	39%		

街区名称	街区总密度	覆盖率	夏季（室外风环境速度云图及气流方向矢量图）	冬季（室外风环境速度云图及气流方向矢量图）
001-南京东路	3.25	43%		
028-世纪大道	3.62	32%		

来源：作者根据样本街区的 CFD 平台风模拟结果整理

二、样本街区热环境模拟研究

（一）低层街区

街区名称	街区总密度	覆盖率	夏季（室外温度区域分布模拟、室外舒适度 PMV 模拟）	冬季（室外温度区域分布模拟、室外舒适度 PMV 模拟）
004- 豫园	1.32	37%		

（二）条状街区

街区名称	街区总密度	覆盖率	夏季（室外温度区域分布模拟、室外舒适度 PMV 模拟）	冬季（室外温度区域分布模拟、室外舒适度 PMV 模拟）
015- 长清路	1.36	22%		

街区名称	街区总密度	覆盖率	夏季（室外温度区域分布模拟、室外舒适度 PMV 模拟）	冬季（室外温度区域分布模拟、室外舒适度 PMV 模拟）
018- 静安寺	1.16	29%		

（三）开放式街区

街区名称	街区总密度	覆盖率	夏季（室外温度区域分布模拟、室外舒适度 PMV 模拟）	冬季（室外温度区域分布模拟、室外舒适度 PMV 模拟）
029- 蓝村路	1.77	26%		
030- 东方路	1.47	22%		

街区名称	街区总密度	覆盖率	夏季（室外温度区域分布模拟、室外舒适度 PMV 模拟）	冬季（室外温度区域分布模拟、室外舒适度 PMV 模拟）
014- 漕溪北路	1.78	26%		

（四）封闭式街区

街区名称	街区总密度	覆盖率	夏季（室外温度区域分布模拟、室外舒适度 PMV 模拟）	冬季（室外温度区域分布模拟、室外舒适度 PMV 模拟）
023- 中兴路	1.12	29%		
013- 肇嘉浜路	1.37	26%		

续表

街区名称	街区总密度	覆盖率	夏季（室外温度区域分布模拟、室外舒适度 PMV 模拟）	冬季（室外温度区域分布模拟、室外舒适度 PMV 模拟）
016- 华山路	1.23	32%		
025- 中兴路	1.82	31%		

（五）密集条状街区

街区名称	街区总密度	覆盖率	夏季（室外温度区域分布模拟、室外舒适度 PMV 模拟）	冬季（室外温度区域分布模拟、室外舒适度 PMV 模拟）
007- 淮海中路	1.34	36%		

续表

街区名称	街区总密度	覆盖率	夏季（室外温度区域分布模拟、室外舒适度 PMV 模拟）	冬季（室外温度区域分布模拟、室外舒适度 PMV 模拟）
008- 常熟路	1.77	33%		
017- 江苏路	1.35	29%		

（六）密集街区

街区名称	街区总密度	覆盖率	夏季（室外温度区域分布模拟、室外舒适度 PMV 模拟）	冬季（室外温度区域分布模拟、室外舒适度 PMV 模拟）
003- 老西门	1.84	39%		

街区名称	街区总密度	覆盖率	夏季（室外温度区域分布模拟、室外舒适度 PMV 模拟）	冬季（室外温度区域分布模拟、室外舒适度 PMV 模拟）
005- 小南门	1.66	43%		
002- 南京西路	2.01	41%		

（七）超密集街区

街区名称	街区总密度	覆盖率	夏季（室外温度区域分布模拟、室外舒适度 PMV 模拟）	冬季（室外温度区域分布模拟、室外舒适度 PMV 模拟）
012- 大木桥路	2.39	30%		

续表

街区名称	街区总密度	覆盖率	夏季（室外温度区域分布模拟、室外舒适度 PMV 模拟）	冬季（室外温度区域分布模拟、室外舒适度 PMV 模拟）
024- 通州路	2.82	36%		
010- 嘉善路	2.57	34%		
020- 武定路	2.97	39%		

街区名称	街区总密度	覆盖率	夏季（室外温度区域分布模拟、室外舒适度 PMV 模拟）	冬季（室外温度区域分布模拟、室外舒适度 PMV 模拟）
001- 南京东路	3.25	43%		
028- 世纪大道	3.62	32%		

来源：作者根据样本信息自绘

三、样本街区光环境模拟研究

（一）低层街区

街区名称	街区总密度	覆盖率	夏季（室外日照辐射强度模拟）	冬季（室外日照辐射强度模拟）
004- 豫园	1.32	37%		冬至日照小时数模拟

（二）条状街区

街区名称	街区总密度	覆盖率	夏季（室外日照辐射强度模拟）	冬季（室外日照辐射强度模拟）
015- 长清路	1.36	22%		冬至日照小时数模拟

街区名称	街区总密度	覆盖率	夏季（室外日照辐射强度模拟）	冬季（室外日照辐射强度模拟）
018- 静安寺	1.16	29%		 冬至日照小时数模拟

（三）开放式街区

街区名称	街区总密度	覆盖率	夏季（室外日照辐射强度）	冬季（室外日照辐射强度）
029- 蓝村路	1.77	26%		 冬至日照小时数模拟

续表

街区名称	街区总密度	覆盖率	夏季（室外日照辐射强度）	冬季（室外日照辐射强度）
030- 东方路	1.47	22%		冬至日日照小时数模拟
014- 漕溪北路	1.78	26%		冬至日日照小时数模拟

（四）封闭式街区

街区名称	街区总密度	覆盖率	夏季（室外日照辐射强度）	冬季（室外日照辐射强度）
023- 中兴路	1.12	29%		 冬至日照小时数模拟
013- 肇嘉浜路	1.37	26%		 冬至日照小时数模拟

续表

街区名称	街区总密度	覆盖率	夏季（室外日照辐射强度）	冬季（室外日照辐射强度）
016- 华山路	1.23	32%		 冬至日照小时数模拟
025- 中兴路	1.82	31%		 冬至日照小时数模拟

（五）密集条状街区

街区名称	街区总密度	覆盖率	夏季（室外日照辐射强度）	冬季（室外日照辐射强度）
07- 淮海中路	1.34	36%		 冬至日照小时数模拟
008- 常熟路	1.77	33%		 冬至日照小时数模拟

街区名称	街区总密度	覆盖率	夏季（室外日照辐射强度）	冬季（室外日照辐射强度）
017- 江苏路	1.35	29%		冬至日照小时数模拟

（六）密集街区

街区名称	街区总密度	覆盖率	夏季（室外日照辐射强度）	冬季（室外日照辐射强度）
003- 老西门	1.84	39%		冬至日照小时数模拟

街区名称	街区总密度	覆盖率	夏季（室外日照辐射强度）	冬季（室外日照辐射强度）
005- 小南门	1.66	43%	

冬至日照小时数模拟

|
| 002- 南京西路 | 2.01 | 41% | |

冬至日照小时数模拟

|

（七）超密集街区

街区名称	街区总密度	覆盖率	夏季（室外日照辐射强度）	冬季（室外日照辐射强度）
012- 大木桥路	2.39	30%		冬至日日照小时数模拟
024- 通州路	2.82	36%		冬至日日照小时数模拟

街区名称	街区总密度	覆盖率	夏季（室外日照辐射强度）	冬季（室外日照辐射强度）
010- 嘉善路	2.57	34%		 冬至日照小时数模拟
020- 武定路	2.97	39%		 冬至日照小时数模拟

续表

街区名称	街区总密度	覆盖率	夏季（室外日照辐射强度）	冬季（室外日照辐射强度）
001- 南京东路	3.25	43%		 冬至日日照小时数模拟
028- 世纪大道	3.62	32%		 冬至日日照小时数模拟

参考文献

[1] 理查德·瑞吉斯特.生态城市：建设与自然平衡的人居环境：建设与自然平衡的人居环境 [M]. 王如松，等译.北京：社会科学文献出版社，2002.

[2] 吴恩融，叶齐茂，倪晓晖.高密度城市设计：实现社会与环境的可持续发展 [M]. 北京：中国建筑工业出版社，2014.

[3] BREHENY M. The Compact City：An Introduction[J]. Built Environment，1992，18（4）：240-246.

[4] 仇保兴.紧凑度与多样性——中国城市可持续发展的两大核心要素 [J]. 城市发展研究,2012(11)：12.

[5] 李琳."紧凑"与"集约"的并置比较——再探中国城市土地可持续利用研究的新思路 [J]. 城市规划，2006，30（10）：6.

[6] 韩笋生，秦波.借鉴"紧凑城市"理念,实现我国城市的可持续发展 [J]. 国际城市规划，2009（S1)：6.

[7] CARMONA M，HEATG T，OC T，et al. Public Places-Urban Spaces：The Dimensions of Urban Design[M]. 2003.

[8] 董春方.高密度建筑学 [M]. 北京：中国建筑工业出版社，2012.

[9] Ming C，Fan J. Carbon reduction in a high-density city：A case study of Langham Place Hotel Mongkok Hong Kong[J]. Renewable Energy，2013，50（FEB.）：433-440.

[10] 郑莘，林琳.1990 年以来国内城市形态研究述评 [J]. 城市规划，2002，26（7）：7.

[11] A.E.J 莫里斯.城市形态史 [M]. 成一农等译.北京：商务印书馆，2011.

[12] Williams K，Burton E，Jenks M. Achieving Sustainable Urban Form[M]. 2000.

[13] Zhao H B. An Analysis on Latest Developments of APEC's ECOTEC[J]. Journal of International Trade，2010.

[14] Jenks M. World Cities and Urban Form[J]. 2008.

[15] 赵景柱,宋瑜,石龙宇,等.城市空间形态紧凑度模型构建方法研究[J]. 生态学报,2011,31(21)：6.

[16] 段进.城市形态研究与空间战略规划 [J]. 城市规划，2003，27（2）：4.

[17] 段进，邱国潮.国外城市形态学研究的兴起与发展 [J]. 城市规划学刊，2008（5）：9.

[18] 周淑贞，束炯.城市气候学 [M]. 北京：气象出版社，1994.

[19] Givoni B. Climate Considerations in Building and Urban Design[M]. 1998.

[20] Oke T R. Street design and urban canopy layer climate[J]. Energy and Buildings，1988，11（1-3）：103-113.

[21]　柏春.城市气候设计:城市空间形态气候合理性实现的途径[M].北京:中国建筑工业出版社,2009.

[22]　国际环境与发展研究所.我们共同的未来[M].吉林:吉林人民出版社,1990.

[23]　格莱泽.爱德华.城市的胜利[M].上海:上海社会科学院出版社,2012.

[24]　王丹,王士君.美国"新城市主义"与"精明增长"发展观解读[J].国际城市规划,2007,22(2):6.

[25]　沈清基.新城市主义的生态思想及其分析[J].城市规划,2001(11):6.

[26]　王慧.新城市主义的理念与实践、理想与现实[J].国际城市规划,2002(3):35-38.

[27]　尹杰,李枫,李旭辉.发达国家可持续交通发展战略研究[J].交通与运输(学术版),2009(1).

[28]　陆化普,毛其智,李政,等.城市可持续交通:问题、挑战和研究方向[J].城市发展研究,2006,13(5):6.

[29]　何宁,兰荣,赵倩瑜.公共交通——可持续交通的支柱[J].城市交通,2005,3(4):8.

[30]　联合国人居署.全球化世界中的城市:全球人类住区报告2001[M].北京:中国建筑工业出版社,2004.

[31]　Hara M. Future Change in Wintertime Urban Heat Island in Tokyo Metropolitan Area[J]. Symposium on the Urban Environment.

[32]　冷红,袁青.城市微气候环境控制及优化的国际经验及启示[J].国际城市规划,2014(6):6.

[33]　黄应蓉,何玲睿,潘瑞.基于共词聚类分析法的国内外微气候研究前沿对比及启示[J].园林,2020(9):7.

[34]　杨峰.城市形态与微气候环境——性能化模拟途径综述[J].城市建筑,2015(28):4.

[35]　陈恺,唐燕.城市局部气候分区研究进展及其在城市规划中的应用[J].南方建筑,2017(2):8.

[36]　黄健翔,汪亚莉,彭蓉,等.密集城市的微气候和行人舒适性[J].城市环境设计,2016(3):8.

[37]　陈宏,李保峰,张卫宁.城市微气候调节与街区形态要素的相关性研究[J].城市建筑,2015(31):3.

[38]　丁沃沃,胡友培,窦平平.城市形态与城市微气候的关联性研究[J].建筑学报,2012(7):6.

[39]　李月雯,杨满场,彭翀,等.面向健康微气候环境的城市设计导则优化策略[J].南方建筑,2020(4):6.

[40]　迪特尔·格劳,高枫,孙峥.气候适应型城市区域设计[J].中国园林,2014(2):6.

[41]　柏春.城市设计的气候模式语言[J].华中建筑,2009,27(005):130-132.

[42]　Ellis W R, Dantzig G B, Saaty T L. Compact City: A Plan for a Liveable Urban Environment[J]. Contemporary Sociology, 1975, 4(4):447.

[43]　Jenks M, Burton E, Williams K. The Compact City: A Sustainable Urban Form?[M]. 1996.

[44]　Thomas L, Cousins W. The compact city: A successful, desirable and achievable urban form?[J]. 1996.

[45] Filippov V. Linear city of Arturo Soria：analysis of the reasons for the project failure[J]. 2019.

[46] Howard E. Garden cities of to-morrow [J]. 2009.

[47] Unwin. Nothing Gained by Overcrowding[J]. Routledge，2013.

[48] 帕特里克·格迪斯. 进化中的城市——城市规划与城市研究导论 [M]. 北京：中国建筑工业出版社，2012.

[49] Wright F L. Broadacre City：A new community plan[J]. 1935.

[50] Le C. The City of Tomorrow[J]. urban planning & design，1972.

[51] Nelles L. Le Corbusier and the Radiant City Concept[J]. 2013.

[52] 勒·柯布西耶. 光辉城市 [M]. 北京：中国建筑工业出版社，2011.

[53] Hall P. Cities of tomorrow：an intellectual history of urban planning and design since 1880[M]. 2014.

[54] Taylor N. Urban planning theory since 1945[M]. 1998.

[55] 简·雅各布斯. 美国大城市的死与生 [M] 金衡山译. 南京：译林出版社，2005.

[56] 雷姆·库哈斯. 癫狂的纽约 [M]. 唐克扬译. 北京：生活·读书·新知三联书店，2015.

[57] Blowers A. Planning for a Sustainable Environment[J]. 1993.

[58] Beatley，Timothy. Planning and sustainability：The elements of a new（improved）paradigm.[J]. Journal of Planning Literature，1995.

[59] 吴良镛. 芒福德的学术思想及其对人居环境学建设的启示 [J]. 城市规划，1996（1）：8.

[60] 理查德·瑞吉斯特. 生态城市：建设与自然平衡的人居环境 [M]. 王如松，胡聃译. 北京：社会科学文献出版社，2002.

[61] 卡尔索普. 未来美国大都市：生态·社区·美国梦 [M]. 郭亮译. 北京：中国建筑工业出版社，2009.

[62] 张京祥. 西方城市规划思想史纲 [M]. 南京：东南大学出版社，2005.

[63] Dantzig，George B. The ORSA New Orleans Address on Compact City[J]. Management Science，1973，19（10）：1151-1161.

[64] Elkin T，McLaren D，Hillman M. Reviving the City：Towards Sustainable Urban Development Friends of the Earth，16-24 Underwood Street[J]. London N1 7JQ，1991.

[65] UN-Habitat. A New Strategy of Sustainable Neighbourhood Planning：Five Principles[M]. Nairobi：UN HABITAT，2014.

[66] Dempsey N，Dave S，Lindsay M，et al. The Compact City Revisited[J]. 2010.

[67] Tannier C，JC F，Girardet X. Assessing the capacity of different urban forms to preserve the connectivity of ecological habitats[J]. Landscape & Urban Planning，2012，105（1-2）：128-139.

[68] Bierwagen B G. Connectivity in urbanizing landscapes：The importance of habitat configuration，urban area size，and dispersal[J]. Urban ecosystems，2007，10：29-42.

[69] Churchman A. Disentangling the concept of density[J]. Journal of planning literature，1999，13（4）：

389-411.

[70] Jenks M，Burgess R. Compact cities：Sustainable urban forms for developing countries[M]. E. & FN Spon，2000.

[71] OECD. Compact City Policies：A Comparative Assessment. OECD Green Growth Studies.[M]. Paris：OECD Publishing，2012.

[72] Fudge C，Fudge C. Sustainable urban design：EU Expert Group on the Urban Environment[J]. Sustainable Urban Design Eu Expert Group on the Urban Environment，2003.

[73] Newman P，Kenworthy J. Sustainability and cities：overcoming automobile dependence[M]. Island press，1999.

[74] Breheny M C. Decentrists and Compromisers：Views on the Future of Urban Form[J]. The compact city：a sustainable urban form：13-35.

[75] Litman T. Determining optimal urban expansion，population and vehicle density，and housing types for rapidly growing cities[C]，2016.2016.

[76] Neuman M. The compact city fallacy[J]. Journal of planning education and research，2005，25（1）：11-26.

[77] Gordon P，Richardson H W. Are compact cities a desirable planning goal?[J]. Journal of the American planning association，1997，63（1）：95-106.

[78] Burton E. The compact city：just or just compact? A preliminary analysis[J]. Urban studies，2000，37（11）：1969-2006.

[79] Dieleman F M，Dijst M J，Spit T. Planning the compact city：The randstad Holland experience[J]. European Planning Studies，1999，7（5）：605-621.

[80] 海道清作. 紧凑型城市的规划与设计 [M]. 苏利英译. 北京：中国建筑工业出版社，2011.

[81] Westerink J，Haase D，Bauer A，et al. Dealing with sustainability trade-offs of the compact city in peri-urban planning across European city regions[J]. European Planning Studies，2013，21（4）：473-497.

[82] Busquets J. The urban evolution of a compact city[J]. Rovereto：Nicolodi，2005.

[83] 方创琳，祁巍锋. 紧凑城市理念与测度研究进展及思考 [J]. 城市规划学刊，2007（4）：9.

[84] 李翅. 土地集约利用的城市空间发展模式 [J]. 城市规划学刊，2006（1）：7.

[85] 程开明，李金昌. 紧凑城市与可持续发展的中国实证 [J]. 财经研究，2007，33（10）：73-82.

[86] 于立. 关于紧凑型城市的思考 [J]. 城市规划学刊，2007（1）：4.

[87] 马奕鸣. 紧凑城市理论的产生与发展 [J]. 现代城市研究，2007（4）：10-16.

[88] 耿宏兵. 紧凑但不拥挤——对紧凑城市理论在我国应用的思考 [J]. 城市规划，2008（6）：7.

[89] 陈海燕，贾倍思. 紧凑还是分散？——对中国城市在加速城市化进程中发展方向的思考 [J]. 城市规划，2006，30（5）：9.

[90]　郭胜，张芮.新城镇紧凑布局理念初探 [J].兰州大学学报：社会科学版，2008，36（2）：7.

[91]　彭晖.紧凑城市的再思考——紧凑城市在我国应用中应当关注的问题 [J].国际城市规划，2008（5）：5.

[92]　宋为.紧凑城镇规划理论与适用性研究 [D].长沙：中南大学，2007.

[93]　孙根彦.面向紧凑城市的交通规划理论与方法研究 [D].西安：长安大学，2012.

[94]　杨永春，刘沁萍，田洪阵.中外紧凑城市发展模式比较研究 [J].城市问题，2011（12）：7.

[95]　姜小蕾.紧凑城市理念对北京新城建设的启发 [J].城市地理，2016（Ⅸ）：1.

[96]　马丽，金凤君.中国城市化发展的紧凑度评价分析 [J].地理科学进展，2011，30（8）：7.

[97]　徐新，范明林.紧凑城市：宜居，多样和可持续的城市发展 [M].上海：格致出版社，上海人民出版社，2010.

[98]　李琳.紧凑城市中"紧凑"概念释义 [J].城市规划学刊，2008（3）：5.

[99]　吴正红，冯长春，杨子江.紧凑城市发展中的土地利用理念 [J].城市问题，2012（1）：6.

[100]　孙根彦.面向紧凑城市的交通规划理论与方法研究 [D].西安：长安大学，2012.

[101]　洪敏，金凤君.紧凑型城市土地利用理念解析及启示 [J].中国土地科学，2010（7）：5.

[102]　陈秉钊.城市，紧凑而生态 [J].城市规划学刊，2008（3）：4.

[103]　马鹏.中小城市紧凑规划布局理念初探 [D].西安：西安建筑科技大学，2004.

致谢

本书主要内容由本人博士论文研究内容支撑，博论自选题伊始、架构调整，到研究过程推进与论文完善，都得到了导师庄宇教授的悉心指导。论文的思路和研究方向，在庄宇教授的耐心指引之下，获得不断的丰富、深化和拓展。庄老师严谨求实的治学态度、渊博的学术研究积淀、敏锐明晰的研究思路，时时指引和启迪着我研究的方向。在此，谨向导师庄宇教授表示由衷的感谢和深深的敬意。

同时，感谢华东建筑设计研究总院，为我的工作实践和博士研究紧密结合提供了良好的平台。感谢在职工作期间支持我攻读博士的华东建筑设计研究总院总建筑师乔伟，他在工作中对我的引导、支持和鼓励，为我的研究之路提供了许多支持和帮助。感谢华东建筑设计研究总院绿色中心的张伯仑主任、夏佰林、王峰等同事，给予绿色城区研究和微气候模拟研究技术的支持。

感谢东南大学的胡友培老师，在微气候和城市形态研究内容方面给予的启迪和问题解答。

感谢蔡镇钰先生，感谢同济大学陈易教授、宋德萱教授，不辞辛苦，曾多次给予学术指导。

感谢研究同门袁铭博士、杜鹏博士、张灵珠博士、宋晓宇博士，以及同学陈珊博士在论文写作过程中提供的帮助、支持和鼓励。

由于研究内容的复杂性与个人研究能力的局限性，论文尚存在许多问题与不足，恳请各位师长、研究同仁批评指正，并期待获得进一步的探讨。

最后，衷心感谢家人支持，用无尽的爱和温暖一路鼓舞我的研究之路。